フランク・フォンヒッペル
Frank von Hippel
田窪雅文
Masafumi Takubo
カン・ジョンミン
Jungmin Kang

プルトニウム
Plutonium

原子力の夢の燃料が悪夢に
How Nuclear Power's Dream Fuel Became a Nightmare

緑風出版

*危険性を認識し、警鐘を鳴らした先駆者や盟友、
そして、プルトニウムの商業化に反対票を投じた
市場の「見えざる手」に捧ぐ*

Plutonium

How Nuclear Power's Dream Fuel Became a Nightmare

by Frank von Hippel, Masafumi Takubo, Jungmin Kang

©Springer Nature Singapore Pte Ltd. 2019

This edition has been translated and published under licence from

Springer Nature Singapore Pte Ltd.

through Japan UNI Agency, Inc., Tokyo

目次

プルトニウム
—原子力の夢の燃料が悪夢に

世界の民生用再処理及び増殖炉サイト

セラフィールド
ドーンレイ高速炉 (DFR)
高速原型炉 (PFR)
ラアーグ
SNR-300
モルデッセル
フェニックス
スーパーフェニックス
カールスルーエ
マルクール

BN-350

フェルミ
ウェストバレー
バーンウェル
クリンチリバー

BN-600
BN-800
ブレスト
オブニンスク

ジェレスノゴルスク

金塔
酒泉 中国高速実
験炉 (CFER)
高速炉 (CFR)

タラプール

高速増殖原型炉 (PFBR)
カルパッカム

六ヶ所
東海
もんじゅ

増殖炉 稼働中 (大きな円) または建設中
増殖炉 閉鎖炉または未完成のまま放棄
民生用再処理工場 稼働中 (大きな円) または建設中
民生用再処理工場 閉鎖または未完成のまま放棄

序文

モハメッド・エルバラダイ

　プルトニウム（原子番号94）が初めて分離されたのは、1941年、カリフォルニア州バークレーでのことだった。その量は極めて微小で、肉眼で見るのは困難なほどだった。2019年には、世界の10カ国以上に存在する民生用及び軍事用のストックは、500トン以上に達している。

　冥王星「プルトー」にちなんで名付けられたプルトニウムは、一部の人々から、世界で最も危険な核物質とみなされている。プルトニウム239は、半減期2万4000年で、8キログラム以下で核分裂爆発装置1個を作るのに充分である。

　民生用の核燃料サイクルにおけるプルトニウム使用については、激しい論争が展開されてきた。推進者らは時折、意地悪く「プルトニウム食らい」と呼ばれ、反対派は「受動攻撃的」と揶揄されることもあった。プルトニウム使用の提唱者らは、そのエネルギー価値を強調して「MOX燃料集合体で再利用されるプルトニウム1グラムは、1～2トンの石油を燃やすのと同じ量の電力を生み出す」と言い、無駄にしてはならない貴重な資源としてプルトニウムの利用を奨励した。一方、プルトニウム使用に反対する側は、その毒性と半減期の長さ、そして、核兵器能力の取得を可能にする主要材料の一つとしての役割を強調し、だからプルトニウムの民生用使用を中止し、核廃棄物として処分すべきだと論じた。

　1960年代や70年代には、世界全体で商業的に採掘可能なウランの量には限界があるとの深刻な懸念が存在した。70年代半ばには、1973年の「石油輸出国機構（OPEC）」の禁輸措置、そして、当時の主要ウラン産出国の一部による短期間の価格カルテルの影響で、ウランの価格が高騰した。ウラン価格が高くなれば、プルトニウムはコスト効率の面で競争力を持つようになると

考えられた。推進者らは、プルトニウムを「奇跡の燃料」とみなした。閉じた核燃料サイクルで生産すれば、実質的に無限大のエネルギーを生み出せると主張する。つまり、ウランが原子炉内で利用された後に出てくる使用済み燃料を再処理してプルトニウムを取り出し、それを増殖炉で燃料として使い、使った以上のプルトニウムを作るというのである。しかし、時が経つにつれ、このような楽観的な期待は現実を前に崩れ去っていった。低価格で採掘可能なウラン鉱脈の発見、高いコストを伴う増殖炉の工学的難問、そして、再処理の「保障措置[訳注1]」の複雑さや、それに関連した核不拡散面での懸念などである。再処理は核不拡散面から言って最も機微な（センシティブな）核技術の一つである。もう一つは、ウラン濃縮である。

　私は2003年10月、国際原子力機関（IAEA）事務局長（当時）として、エコノミスト誌に掲載された論説『より安全な世界に向けて』の中で、すべてのウラン濃縮及びプルトニウム再処理施設を、核不拡散面の懸念に鑑み、多国間管理下に置くよう提案した。三つの段階で実現するべきだという案だった。まず、新しいウラン濃縮施設とプルトニウム再処理施設は、すべて、多国間管理の枠組みでのみ設立する。次に、既存の施設は長期的に多国間管理の下での運転に変えていく。最後に、核兵器用核分裂性物質生産禁止条約の交渉を行い、既存の軍事用核物質すべてを国際管理の下に置く、というものだった。残念ながら、この点では、ほとんど進展はない。これらの、二つの最も機敏な技術の拡散の可能性を防止するために、現在よりずっと多くのことをしなければならないのは明らかである。これには、解体された核弾頭から出てくるプルトニウムと高濃縮ウランを安全性と保安体制を確保しつつ処分する必要性が含まれる。この文脈では、解体された米ロの核弾頭をIAEAの監視の下に置く米・ロ・IAEA「3者イニシャチブ」や米ロ「プルトニウム管理・処分協定（PMDA）」を復活させ、実施する必要がある。

　あらゆる同位体組成のプルトニウムの分離・使用・処分を巡る深刻な安全性及び保安上の懸念を踏まえると、政策決定者に加え、マスコミや一般の人々も、もっと情報を得る必要がある。国際的に有名な核問題専門家のフランク・フォンヒッペル、カン・ジョンミン（姜政敏）、田窪雅文の3人は、本

訳注1　核物質が核兵器などに転用されていないことを検認するために国際原子力機関（IAEA）が当該国との協定に基づき講じる措置。

書をまとめることにより、重要な貢献を果たした。本書は、今日私たちが「プルトニウム時代」と呼んでいるものを歴史的かつ包括的に取り扱っている。著者らは、プルトニウム経済の危険性に関する彼らの考え方を明確かつ簡潔に示し、民生用燃料サイクルにおけるプルトニウムの分離と使用の禁止を提唱する。核拡散及び核セキュリティー上のリスクと経済的正当性の欠如に鑑みてのことである。著者らは、代案として、使用済み燃料を数年間プールで冷却した後乾式貯蔵し、深地下の地層処分場が準備できた段階で、直接処分するよう提唱する。

　しかし、国際的コンセンサスは存在していない。一部の国々は、商業的プルトニウム燃料サイクルを追求し続けており、新しい技術による持続可能な核燃料サイクルの将来を想定している。核拡散の可能性を低減しながら、国連の「持続可能な開発目標（SDGs）」を満たす上での原子力の役割という、より広い文脈の中で、プルトニウムの民生用使用に関する包括的で冷静な議論を続ける必要がある。本書は、そのような議論にとって、貴重な貢献を成すものである。

オーストリア、ウイーンにて

モハメッド・エルバラダイ

国際原子力機関（IAEA）事務局長（1997〜2009年）

ノーベル平和賞受賞（2005年）

謝辞

　私たちは40年以上に亘って、核兵器物質プルトニウムの商業利用に反対する小さな専門家グループの一員として活動してきた。この期間、私たちは、その闘いに関わってきた仲間たちに対し、知的その他の負債を累積してきた。

- ●トーマス・コクラン及びガス・スペス。2人は、それぞれ、米国の非政府団体「自然資源防護協議会（NRDC）」の物理学者及び弁護士として勤務していた際、米国原子力委員会に対する訴訟を起こし、プルトニウムが将来の燃料だとする主張の根拠として使われている分析結果を1974年に公開させた。コクランはまた、カーター政権が1977年に政策見直しに着手した際、その運営委員会に独立の専門家が――自身とフォンヒッペルを含め――入るように手配した。この見直しは、増殖炉プログラムの中止をもたらすのに重要な役割を果たした。

- ●プリンストン大学のハロルド・ファイブソン。「プルトニウム経済」の考えに潜む核拡散の危険性を、インドの1974年の核実験で世界がこの問題に気付かされる以前においてすでに認識していた.

- ●「憂慮する科学者同盟（UCS）」のエドウィン・ライマン。その職業人生のほとんどをプルトニウム問題に費やしてきており、世界でも有数の専門家の一人となっている。

- ●核兵器設計者のセオドア（テッド）・B・テイラー。プルトニウムを使って核爆発を起こすのはもはや、テロリストの手の届かないものではなくなっているとの懸念を1973年に表明した。

- ●プルトニウム政策に関する論争に根本的な貢献をした人々はほかにもいる――とりわけ、米国のポール・レベンサール、フランスのイヴ・マリニャックとマイケル・シュナイダー、インドのM・V・ラマナ、日本の鈴木達治郎、高木仁三郎、吉田文彦、そして、英国のマーティン・フォーウッド及びウィリアム・ウォーカー。

著者の一人、フランク・ニールズ・フォンヒッペル（Frank Niels von

Hippel）は、また、知的負債——それに、最初の二つの名前——を、祖父ジェイムズ・フランク（James Franck）^{訳注1}とニールス・ボーア（Niels Bohr）に負っている。2人は、核分裂という世界を変える大発見によって物理学者が背負った社会的責任についていち早く理解した。

　最後に、私たちは、ダニエル・ホーナーの緻密な編集作業に感謝する。

訳注1　ジェイムズ・フランクは『フランク報告』の責任者として知られる。この文書は第二次世界大戦中の核兵器開発プログラム内の数人の科学者の手になるもので、米国が一方的に核兵器を日本に対して使えば米ソの間で核軍備競争が始まるだろうと警告し、国際連合の下での核兵器管理を代案として提唱した。このため、核兵器管理を提唱した最初の文書とみなされている。ただし、デンマークのニールス・ボーアは、これに先立って、米国のフランクリン・ローズベルト大統領及び英国のウイストン・チャーチル首相に直接会って同様の提案をしていた。

第1章　概観

　第二次世界大戦時の極秘核兵器プロジェクトの最初の任務の一つは、原爆用のプルトニウムを製造する原子炉を設計することだった。プロジェクトのこの部分は、シカゴ大学に本拠を置いていた。1942年12月2日、この場所で、エンリコ・フェルミとレオ・シラード——ヨーロッパからの2人の亡命物理学者——が率いるチームが最初の核分裂連鎖反応を生み出した。この連鎖反応は、黒鉛ブロックを積み重ねた「パイル（積み重ね構造物）」の中に入れられたウランの塊の間を飛び交う中性子によって維持された。

　パイルの運転で連鎖反応の達成と制御に関する自分たちの理解が正しいとの確証を得た後、チームは、デュポン社と協力して三つの巨大なプルトニウム生産炉を設計、建設した。場所は、ワシントン州東部のコロンビア川沿いの辺鄙な場所にあるハンフォード・サイト［核施設群用地］である。これらの原子炉は、1945年7月16日にニュー・メキシコ州南部の砂漠地帯で行われた最初の核爆発実験、そして、同年8月9日に長崎を破壊した原子爆弾で使われたプルトニウムを生産した。戦後、米国はさらに11基の生産炉を建設した。これらの合計14基の原子炉は、冷戦時代に米国が製造した何万発もの核兵器に使われたプルトニウムを生み出した。

　1944年、ハンフォードの原子炉の運転が始まろうとしていたころ、フェルミはニュー・メキシコ州のロスアラモスに移った。プルトニウム爆弾の設計の仕事をするためである。シカゴでは、シラードと原子炉設計チームの他の数人が核エネルギーを使って発電をする方法について考え始めた。しかし、彼らは、核分裂エネルギーを意味のあるエネルギー源とするのに充分なだけの量の高品位のウラン鉱脈は見つからないだろうと憂慮していた[1]。連鎖反応を起こすウラン235は、天然ウランに0.7パーセントしか含まれていない。残りのほぼすべては、連鎖反応を起こさないウラン238なのである。

1.1 プルトニウム増殖炉の夢

　ハンフォードの原子炉では、消費されるウラン235の10個の原子に対し、約7個のウラン238が中性子を吸収することによって、連鎖反応を起こす人工核種プルトニウム239に変わっていた。そして、そのプルトニウム239の核分裂で放出される中性子は、より多くのウラン238をプルトニウム239に変えることができる。

　シラードは、核分裂するプルトニウム原子1個に対し、1個より多くのプルトニウム原子をウラン238から生産することはできないだろうかと考えた。それができれば、原子力の資源基盤はウラン238となり、ウラン235の核分裂に頼る場合に比べ、同じ量のウランから約100倍のエネルギーを生み出すことができる。実際、平均的な地殻の岩石1トン[2]に含まれる3グラムのウラン238をプルトニウム239に変え、これを核分裂させることができれば、それによって解き放たれるエネルギーは、1トンの石炭を燃やして得られるものの10倍となる。

　したがって、シラードがプルトニウム「増殖」炉と呼んだものが設計できるなら、文明社会のエネルギー問題は数千年間に亘って解決できることになる。増殖炉が「ドリーム・マシーン」[3]と呼ばれたことがあるのはそのためである。

　シラードは、プルトニウムの核分裂で生じる中性子の数を、入射中性子のエネルギーの関数として捉え、彼のアイデアが上手くいくのは、核分裂の連鎖反応が「高速」中性子で起きる場合だけであるとの結論を得た。高速中性子というのは、核分裂の過程で生み出されたときのエネルギーの相当部分をそのまま保っている中性子のことである。

　ハンフォードの原子炉では、原子炉の本体を形作っている黒鉛「中性子減速材」を構成する炭素の原子核に中性子を衝突させることによって、中性子の速度を意図的に低下させている。なぜかというと、連鎖反応を起こすウラン235の含有率が小さい天然ウランにおいては、低速中性子しか連鎖反応を維持できないからである。しかし、ウラン238の中にプルトニウムを15％以上の割合で混ぜた混合物を燃料としている場合は、高速中性子で連鎖反応を維持することができる[4]。

だが、原子炉は、核分裂で生じた熱をその炉心から取り除くために冷却材を必要とする。今日のほとんどの原子炉で冷却材として使われているのは水である。水は水素を含有している。水素は中性子を非常に効率良く減速する。水素の原子核は1個の陽子だけでできていて、その重さは、核分裂の連鎖反応を起こす中性子とほぼ同じである。中性子が陽子に衝突すると——ビリアードで速く動いている玉が同じ質量の静止している玉に当たった場合と同じように——中性子のエネルギーのほとんどあるいはすべてが陽子に奪われてしまう。

　そこで、シラードは、もっと重い原子核を持つ冷却材を探し求めた。中性子が跳ね返る際に、水素の場合よりもずっと小さなエネルギー・ロスで済むようにしようというわけである。言わば、大砲の弾に当たったビリアードの玉のような格好である。最終的に彼が選んだのは、液体ナトリウムだった[5]。その原子核は水素の原子核の23倍の重さがあるうえ、中性子を吸収しにくい。それに、金属なので熱伝導率が高い。そして、ナトリウムの融点は、摂氏98度と比較的低い。原子炉がそれ以上の温度に保たれれば、原子炉が運転されていなくとも、冷却材は液体のままに留まる。

　シラードによる判断の根拠となったこれらの特徴のため、液体ナトリウムは、その後の増殖炉開発計画のほとんどにおいて冷却材として選ばれることとなった[6]。

1.2　増殖炉の不都合な点

　プルトニウムを世界の動力源にするというアイデアには不都合な点があることにシラードは気づいていた。彼は、1947年のスピーチ『原子力、電力の源か、問題の源か』において、増殖炉を使うことによって活用できる膨大なエネルギー資源について熱を込めて語った後、次のように付け加えている。

　　残念ながら、プルトニウムは重要な原子力燃料であるだけでなく、原子爆弾の主成分でもある。原子爆弾の心配がなくならない場合、原子力発電を利用できるだろうか。そして、平和を確信できない場合、原子爆弾の心配をしないで済むだろうか[7]。

しかし、原子力関係者の間では、シラードのこの警告より、彼の発明の方がずっと大きな関心を呼び、プルトニウム増殖炉を開発しようという試みが世界中で始まった。「増殖実験炉（EBR-I）」が1951年に米国原子力委員会（AEC）の「国立原子炉実験場（NRTS）」（現アイダホ国立研究所）で臨界に達した。その後に、英国のドーンレー高速炉（1959年）、フランスのラプソディー（1967年）、そして、ソ連のBOR-60（1969年）が続いた。

　ナトリウム冷却炉の重要な技術的問題は、ナトリウムは空気または水と接触すると燃えるということにある。したがって、増殖炉の燃料交換の際に空気が混入しないようにするための非常に複雑な仕組みが必要となる。原子炉内あるいは配管内の修理には時間がかかる。なぜなら、原子炉あるいは配管を開ける前に、わずかな量のナトリウムも一切残らぬよう、完全に除去してしまわなければならないからである。そして、発電所の蒸気発生器の一つで、高温の液体ナトリウムと水を隔てている薄い金属の「壁」に漏れが生じれば、それによって起きた火災により蒸気発生器が破壊されてしまう可能性がある。

　高速中性子炉には、もう一つの原子力安全性問題がある。水冷却型の原子炉では、水が過熱し沸騰した場合、その際に発生する水蒸気の泡によって水の密度が下がり、これにより、中性子減速効果が下がって、ウラン235によって捕獲される中性子の割合が少なくなる。その結果、低速中性子によるウラン235の核分裂に依存する連鎖反応が止まる。

　一方、プルトニウムを燃料とする増殖炉では、高速中性子が連鎖反応を維持している。ナトリウムが沸騰して密度が下がると、中性子の速度が上がる。このため、1回の核分裂当たりの中性子発生数が増え、出力が上がる。そうすると、炉心溶融（メルトダウン）が発生してさらに反応度の高い形状になり、その結果、小規模の核爆発が生じて原子炉の閉じ込め機能が破壊され、炉心の放射能が大気中に放出される事態に至る可能性がある。世界で初めての高速中性子炉EBR-Iは、部分的炉心溶融を起こした。

　電力会社が運転する増殖炉の第1号となった小型のフェルミ1号炉（デトロイトから40キロメートルに位置する）も、1966年に部分的炉心溶融を起こした。この事故の結果、「ウイ・オールモースト・ロースト・デトロイト（危うくデトロイトを失ってしまうところだった）」というタイトルの本と歌が生まれた[8]。フェルミ1号炉は、あまりにも多くの問題を抱えていたため、運転許可

のあった9年間で発電できた電力量は、全出力で運転した場合の1カ月分にも満たなかった[9]。

1.3　当初予想よりもずっと多く発見されたウラン、そしてずっと低かった需要の伸び

　民生用原子力発電所の開発に関わった第一世代の原子力エンジニアは増殖炉開発に取り組んだが、艦船推進用原子炉の開発を急いでいた米国海軍は、潜水艦用として、普通の水で冷却・減速する原子炉を開発した。このタイプの原子炉は、カナダが開発した「重水（heavy water）」炉と区別するために「軽水炉（light water reactor = LWR）」と呼ばれている[10]。米国で最初の原子力発電所シッピングポート（ペンシルバニア州オハイオ川沿岸、ピッツバーグ市の下流に位置する）は、元々、原子力空母用に設計された軽水炉だった。6万キロワット（60MWe）の発電容量で1957年に運転を開始した同発電所は、今日、原子力発電の主流となっている100万キロワット級の軽水炉のモデルとなった。

　1970年代になると、ウランの既知資源量は1000倍に増え、短期的なウラン不足についての懸念は、あらゆる現実的な計画期間の彼方に遠ざかっていった。さらに、米国における1979年のスリーマイル・アイランド原子力発電所2号機の部分的炉心溶融事故の後、安全性要件が強化され、発電用原子炉の資本コストと運転コストの両方が高くなった。このため、原子力発電のコストにおけるウラン・コストの相対的割合が下がることになった。2018年現在、ウラン・コストは、原子力発電コストの数パーセントにしかならない[11]。

　また、原子力発電のウラン燃料需要の伸びも予測よりずっと小さかった。2018年末現在、世界の総原子力発電容量は、電気出力100万キロワット（1ギガワット = 1GWe = 1000メガワット）の原子炉約400基分だった。この総数は、40年前に米国「原子力委員会（AEC）」と「国際原子力機関（IAEA）」が予測したものと比べてずっと少なく、その構成は相当異なってる。

　1975年、IAEAは、2000年の世界の原子力発電容量は約2000GWe（100万kW級2000基分）に達し、その約10パーセントは、増殖炉になるだろうと予測した[12]。IAEAは、それより先の将来については予測しなかったが、米国

AECが1974年に示した予測は、2010年には米国だけで2300GWeの原子力発電容量に達し、その容量の約70パーセントは増殖炉で占められるというものだった[13]。

　実際には、2018年末現在、米国の軽水炉発電容量は約100GWe、増殖炉はゼロだった。IAEAによると、世界全体では「運転状態」の発電用原子炉の数が454基、総発電容量が402GWeとなっている。そのうち、2基がロシアのナトリウム冷却増殖原型炉だった。インドには、完成間近の増殖原型炉があり、中国には、小型の高速実験炉（電気出力2万キロワット＝20MWe）があった。中国の実験炉が運転を始めてから5年半の間に発電したのは、1時間分の電力に過ぎない[14]。

1.4　発電用原子炉の使用済み燃料の再処理

　1960年代から70年代にかけて、世界の原子力推進体制派［エスタブリッシュメント］が20世紀末までに何百基もの増殖炉が建設されると想定するなか、いくつかの主要工業国が増殖炉の初期炉心用のプルトニウムを取得するためのプログラムを開始した。これは、米国が冷戦中に核兵器用のプルトニウムを分離するために開発した技術を使って、軽水炉の使用済み燃料を化学的に「再処理」するというものである。

　使用済み燃料には約1％のプルトニウムが入っている。電気出力100万キロワット（1GWe）の増殖炉では最初と2番目の炉心用に合計約10トンのプルトニウムが必要である。したがって、IAEAが2000年までに建設されると予測した200基の増殖炉の運転を開始するのには2000トンの分離済みプルトニウムが必要ということになる。これは、冷戦中に核兵器用に分離されたプルトニウムの量の約10倍である。

　フランス、ドイツ、ロシア、英国、米国の5カ国は、すべて、大型の民生用再処理工場の建設を始めた。日本は、1990年代にこれらの国々に加わった。しかし、実際に完成までに至ったのは、仏・日・英の3カ国の工場だけである。そして、2020年末現在、日本の六ヶ所工場は、福島第一原子力発電所の事故後に定められた新規制基準の下での安全対策工事を終えておらず、通常運転には至っていない。

1.5　インドの核実験の警鐘

　米国では、再処理についての再考の最初のきっかけになったのは、1974年5月18日に行われたインドの最初の核実験だった。それまで、米国の「アトムズ・フォー・ピース（平和のための原子力）」プログラムでは、インドが近代化へのカギとして原子力に焦点を合わせるのを支援し、インドの増殖炉及び再処理計画に対し技術的アドバイスを提供していた。

　インド政府は、核実験「スマイリング・ブッダ（微笑む仏陀）」は「平和利用核爆発装置」の実験だと主張した。「装置」は石油採取用の破砕その他の目的に使われることになるというのである。この考えは、米国の核兵器研究所が核実験禁止の提案に反対する中で提唱したものだった。しかし、米国政府のほとんどの専門家は、インドは民生用再処理という名目のプログラムを核兵器開発計画の立ち上げのために使ったとの結論を下した。

　米国はまた、ブラジル、韓国、パキスタン、台湾——当時、すべてが軍事政権下にあった——が再処理工場の購入交渉をしているという事実に気づき、ジェラルド・フォード政権は、これらの購入を阻止することを決定した。最終的に、どの工場も建設には至らなかった。

　1977年、ジミー・カーターが米国の「プルトニウム経済」推進の批判派として大統領になり、米国の増殖炉開発計画の論理的根拠の見直しに着手した。彼は、米国の原子力研究・開発推進体制派や彼らを支持する議会内や外国の勢力の反対にもかかわらず、増殖炉は不必要かつ非経済的との結論を下した。不必要だというのは、米国内も含め、以前よりずっと多くのウランが発見されているからであり、非経済的というのは、液体ナトリウム冷却炉が水冷却炉と比べた場合、コストが高く、信頼性が低いからである。

　このため、カーター政権は、南部のテネシー州におけるクリンチ・リバー増殖原型炉の工事と、サウス・カロライナ州バーンウェルで完成間近となっていた大型の民生用再処理工場の許可関連作業を中断した。同再処理工場は、核兵器用プルトニウム生産のための第二サイトとして1950年代初頭に作られた「エネルギー省（DOE）」サバンナリバー・サイトに隣接していた。議会は、増殖炉プロジェクトの中止に反対したが、最終的にカーターが退任した

後、これを中止した。コストが上昇し続けたからである。

　次のロナルド・レーガン政権は、商業用再処理計画の継続を許可する意向だったが、ただし、政府による助成金は出さないという条件だった。米国の電力会社は、迅速に結論に達した。それは、分離済みプルトニウムの需要のない状況では、使用済み燃料は深地下処分場で処分した方が再処理よりも安くつくというものだった。こうしてバーンウェル再処理工場は未完成のままに終わった。

　ドイツとオーストリアでは、1986年の壊滅的なチェルノブイリ原発事故で活発になった反原発運動が、両国の国境に近いドイツのバイエルン州バッカースドルフ村に隣接する大型再処理工場建設サイトを包囲した[15]。最終的に、ドイツの原子力電力会社は1989年に、使用済み燃料を英仏両国で再処理してもらった方が、問題が少なくコストも低くなるとの結論に達した。英仏両国は、軍事用の再処理計画で得た専門能力とインフラを国内外の電力会社用プルトニウム分離に使うと決定していた。

　ドイツの電力会社は、自国の増殖炉計画が崩壊した1991年以降も、その使用済み燃料を再処理のために外国に送り続けた。ほかに使用済み燃料の送り先がなかったのである。しかし、再処理契約のほとんどは、再処理で生じたプルトニウムと高レベル廃棄物はその所有国に返還されると明記していた。チェルノブイリから約10年後の1997年3月には、フランスからの再処理廃棄物返還に反対する大規模な反原発運動がドイツで展開されることになる[16]。

　ソ連では、シベリアのクラスノヤルスクの近くに位置する軍事用プルトニウム生産センターにおける民生用再処理工場建設工事が1990年代に中止となった。資金が得られなくなったからである。しかし、同センターでは代わりにパイロット再処理工場が建てられた。そして、原子力発電の使用済み燃料の再処理は、ウラル山脈のオジョルスクにある軍事用再処理施設を改造した小規模な工場で続けられた。

　2019年現在、ロシアとインドの原子力推進体制派は、その増殖炉開発計画をゆっくりと進め続けている。中国では、政府所有の「中国核工業集団公司（CNNC）」が、小規模の民生用再処理施設と増殖炉の実験施設を完成させている。どちらもうまく運転できていないが、それにもかかわらず、CNNCは中規模施設の建設を始めている。

1.6 軽水炉用のプルトニウム燃料

1998年、フランスはスーパーフェニックスを閉鎖した。これまで建設されたものの中で最大の電気出力を誇る増殖炉である（120万キロワット）。ナトリウムと空気の漏洩その他の問題のため、この増殖炉が運転中止までの12年間で発電した電力は、フル出力で運転した場合の3分の1年分相当にしかならない[17]。

増殖炉用として分離されながら、その増殖炉が建設されるに至っていないために蓄積しているプルトニウムはどうなっているのだろうか。フランスの原子力推進体制派は次のように主張した。高速増殖炉はいずれ建設されるから、再処理は続けるべきだ。余剰分離済みプルトニウムは通常の軽水炉で「リサイクル」すればいい、というのである[18]。そして、フランスは、プルトニウムと劣化ウランの酸化物を混ぜた「混合酸化物（MOX）」燃料の製造を始めた（劣化ウランというのは、ウランの濃縮過程で出てくる廃物である）。フランスは、ベルギーとフランスにおいてベルゴニュークリア社と共同で二つの小規模のMOX工場を運転したあと、1995年、フランス南東部のマルクール・サイトにおいて大型のメロックスMOX燃料製造工場の運転を開始した。MOX燃料を軽水炉で使用することによってフランスの低濃縮ウランの必要量は10%ほど減少した。

日本の原子力推進体制派は、同様のアプローチを採用することを決めた。最初は、使用済み燃料の再処理をフランスと英国に委託し、分離されたプルトニウムはMOX燃料にして日本に送るという方法に頼った。しかし、このようにして得られたMOX燃料の日本での使用は、住民の反対によって10年ほど遅れた。これは、一つには、英国で製造された最初のMOX燃料の品質管理データがねつ造されていたとの事実が2000年に明らかになったことから来る反感による。2011年の福島事故は、MOX使用計画をさらに遅らせた。

いずれにせよ、MOX燃料の経済性はひどいものである。フランス社会党のリオネル・ジョスパン首相の委託した厳格な評価の結果、2000年に下された結論は、再処理コストも含めると、MOX燃料の製造費用は、それがなければ使われるはずの低濃縮ウランの5倍に達するというものだった[19]。

しかし、英仏両国にとって、再処理計画には外貨獲得という点での利点があった。日本、ドイツ、スイス、ベルギー、オランダの各国は、使用済み燃料の再処理と、回収されたプルトニウムを使ったMOX燃料製造とを英仏両国に委託する契約を結んだのである。英国では、外国の軽水炉の使用済み燃料を再処理するというのが、THORP（ソープ：酸化物燃料再処理工場）とセラフィールドMOX工場の建設の根拠のすべてだった。THORPは、英国の改良型ガス冷却炉の使用済み燃料も再処理したが、分離されたプルトニウムは保管に回されるだけだった。

　しかし、ドイツは2000年に、原子力発電の段階的廃止という、より大きな決定の一環として、その再処理契約を更新しないことを決めた[20]。日本も、英仏との再処理契約を更新しなかった。だが、日本の決定はまったく別の理由からだった。国内で大型再処理工場の建設を始めていたのである。英国では、残っている主要な再処理顧客はフランスの電力会社「フランス電力（EDF）」だった。EDFは、英国の改良型ガス冷却炉と、英国唯一の軽水炉の所有権を獲得していた。そのEDFも、契約更新を拒否した。

　英国内外の顧客が再処理契約の更新をしないと決定した以上、英国政府にとって、再処理プログラムを中止する以外の選択肢はなく、「原子力廃止措置機関（NDA）」を設立することになった。既存の契約を完遂し、その後、セラフィールドのプルトニウム生産・再処理サイト全体の除染を実施するためである。2018年のこの除染費用の見積りは、910億ポンド（約13兆2000億円）だった[21]。THORPは、2018年末に閉鎖された[22]。同機関は、THORPのみの廃止措置費用を37億ポンドと見積もっているが、費用がこのレベルにとどまるかどうかは疑問符のつくところである。2020年半ばの予定では、英国の閉鎖済みの第一世代マグノックス炉の使用済み燃料の再処理をしている古い工場の運転の方は、2021年に終了することになっていた[23,訳注1]。

　フランスでは、外国の再処理顧客がいなくなったにもかかわらず、政府がEDFに対し再処理契約を維持するよう強制した。政府所有の核燃料サービス・原子炉建設会社（アレバ）を支援するためである。同社は、原子炉建設とウラン採掘事業で多額の損失を出し、2018年1月に、規模を縮小して、ウ

訳注1　2021年初頭の内部情報によると2022年。

図 1.1 世界の分離済みプルトニウム

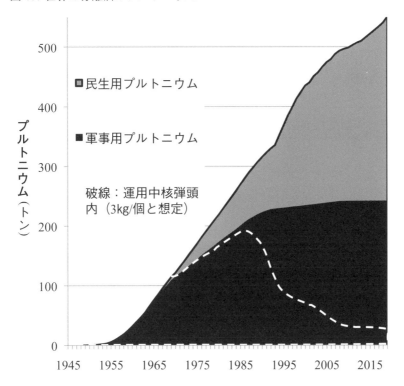

世界の核兵器用プルトニウムの量は冷戦の終結時に横ばい状態となり、そのほとんどが余剰となっている。米ロの運用状態の核弾頭の数が大幅に削減されたためである。しかし、世界全体の民生用の分離済みプルトニウムの量は増え続けた。増殖炉の商業化の失敗にもかかわらず使用済み燃料の再処理が続けられた一方、通常の発電用原子炉でのプルトニウム・リサイクルが限定的にとどまったためである。核弾頭 1 発当たり 8 キログラム（IAEA の計算方法）と想定すると、約 300 トンという現在の民生用プルトニウムの量は長崎型核弾頭 3 万 5000 発分以上に相当する（IPFM、著者らによる更新[24]）。

ラン濃縮及び使用済み燃料再処理専門のオラノ社として再編成された。

　世界全体で見ると、民生用プルトニウムの分離量は、燃料としてのプルトニウムの利用量を大幅に上回っている。そのため、冷戦の終結にもかかわらず、世界の分離済みプルトニウムの量は増え続け、民生用プルトニウムの量は2018年に約300トンに達した（図1.1）。

1.7　放射性廃棄物管理のための再処理？

　増殖炉プログラムが放棄されたり、半世紀に亘る商業化の試みにもかかわらず研究開発段階にとどまったりしている一方、軽水炉でのプルトニウム・リサイクルは、それがなければ使われていたはずの比較的少量の低濃縮ウラン燃料よりずっとコストが高いという状況のため、巨大なコストを伴う再処理プログラムの維持を正当化するのは以前にもまして難しくなってきている。

　しかし、再処理と液体ナトリウム冷却炉の推進派は、経済性以外の継続理由を持ち出してきている。核廃棄物の量と放射性毒性の低減である。この主張は、放射能を持つ使用済み燃料を地下に埋めることについて一般の人々が抱く心配と関係している。再処理推進派は、もしプルトニウムを、そして、場合によっては、周期表でウランより重い方に並んでいる他の超ウラン元素——ウランを起点に、核分裂を伴わない形で中性子が複数回捕獲されることによって形成される——も分離して核分裂させることができれば、廃棄物の長期的放射性毒性と量を相当低減できるだろうと主張する。この主張は、再処理だけでなく、ナトリウム冷却炉の正当化論も提供する。なぜなら、水冷却炉の低速中性子と異なり、ナトリウム冷却炉の高速中性子は、理論的には、すべての超ウラン核種を核分裂させられるからである。このように、元々はプルトニウム増殖炉として発明されたナトリム冷却炉は、今や、超ウラン元素燃焼炉として喧伝されている。

　第7章で詳しく見るように、米、仏、日その他の国々の放射性廃棄物専門家らはこの主張について分析した結果、使用済み燃料の処分場からの漏洩によって地表にもたらされる被曝線量は、超ウラン元素以外の放射性核種によって支配されるため、超ウラン元素を核分裂させることによるベネフィットは、再処理と高速炉でのリサイクルの何回もの繰り返しに伴う経済面及び

環境面のコストを正当化するにはあまりにも小さすぎるとの結論に達した。

1.8　悪夢

　プルトニウムの分離とリサイクルが単に非経済的で環境面のベネフィット
がないというだけなら――それだけでも説得力のある議論だが――私たちは
この本を書くに至っていなかっただろう。私たちがこの本を書いたのは、再
処理が生み出してきた直接的及び間接的危険のためである。

　直接的危険は、プルトニウムが核兵器の材料だという事実から来る。プル
トニウムを使用済み燃料の中の猛烈な放射能を持つ核分裂生成物から分離す
ることは、国家やテロ組織が核兵器の製造や「ダーティー・ボム」での使用
のためにこれを入手するのを容易にする。プルトニウム増殖炉から何千年に
も亘ってエネルギーを得るという夢は、長崎型原爆にして何万発分ものプル
トニウムが民生用核燃料サイクルによって流通することになるという悪夢に
とって代わられた。

　日本、そしておそらく他の非核兵器国が、プルトニウムを核兵器用に使
うという誘惑にかられることは将来も決してないと言い切れるだろうか。ま
た、分離されたプルトニウムが――再処理工場で保管され、燃料製造工場に
送られ、そして、発電用原子炉に送られるという過程全体を通して――テロ
リストや外国の工作員によって盗まれることは決してないと言い切れるだろ
うか。2003年のイランの秘密ウラン濃縮工場の発覚は核不拡散体制が崩壊し
つつあることを意味しているのではないかと心配したモハメッド・エルバラ
ダイIAEA事務局長（当時）は、2005年に、新しい再処理・ウラン濃縮施設
の5年間のモラトリアムと、このような施設を多国間管理下に置くという計
画を提唱した[25]。私たちは、ウラン濃縮工場についてはこのような提案を支
持する。濃縮工場は、現世代の発電用原子炉の燃料を製造するのに必要であ
る。しかし、再処理の場合には、私たちは、エルバラダイの提案をさらに一
歩進め、再処理は危険なだけでなく、不必要かつ非経済的であるから、これ
を完全に放棄することを提案する。

　また、軽水炉の使用済み燃料はすべて再処理されるとの想定がその通り進
んでいないことにより、間接的に起こされた原子力の安全面での悪夢がある。

使用済み燃料は、元々の設計の際の想定を数倍超える密度で原子炉の貯蔵プールに詰め込まれている。その結果生じた貯蔵密度の高さ（ほとんど炉心のそれに等しい）のため、連鎖反応が起きるのを防ぐには、一つ一つの燃料集合体を、中性子吸収用の壁に囲まれた「箱」に入れることが必要になっている。問題は、以前のオープン・フレームのラックの場合は、プールの冷却水が無くなっても横から流れ込む空気による冷却がある程度機能するのだが、これらの「箱」では、水位が下がって燃料が部分的に露出する状態になった場合にはこの空気冷却が効かなくなるということである（第5章参照）。

　2011年の福島第一原子力発電所での事故の際、4号機の稠密貯蔵プールの冷却水が流れ出してしまったのではないかと危惧された。後に米国原子力規制委員会のために実施されたコンピューター・シミュレーションは、そのような事態が起きていれば、炉から取り出されて間もない使用済み燃料では、中にある比較的短寿命の核分裂生成物の放射性崩壊熱によりジルカロイ（ジルコニウム合金）の被覆管が燃え出す温度まで燃料が加熱したであろうことを示している。火災はプール内の古い燃料にまで広がり、その結果、2011年3月に実際に起きた3基の炉心溶融によって放出された量の100倍の長寿命の放射性物質が大気中に放出されていただろうと推測される[26]。

　風向きによっては、風下で生じる放射能汚染のために何千万もの人々が自宅や職場から避難しなければならないことになっていただろう。

　この危険を減らすために、使用済み燃料は、使用済み燃料プールで約5年間冷却した後は、空冷式の乾式貯蔵に移すべきである。そのころには、使用済み燃料は水冷却が必要のない程度に冷えている。

　本書の残りの章では、プルトニウム増殖炉の夢は、経済的失敗に終わりながらも、いくつかの国々で政府の支援を得て生き続けており、その結果、核拡散、核テロリズム、そして使用済み燃料火災の危険が高まっていることを見る。また、再処理と稠密貯蔵の使用済み燃料プールの両方をやめることにより、これらの危険を減らすのが可能だということを説明する。

26

原注

1　1947年に行った原子力に関する講演において、シラードは、毎年輸入可能な天然ウランの量を400トンと想定した。今日の100万kW級の軽水炉2基分にしかならない量である。Leo Szilard, "Atomic Energy, a Source of Power or a Source of Trouble," speech at Spokane, Washington, 23 April 1947 http://library.ucsd.edu/dc/object/bb43701801/_1.pdf.

2　本書においては、「トン」は「メートル・トン」を意味する。すなわち、1000kgである。

3　William Lanouette, "Dream Machine: Why the Costly, Dangerous and MaybeUnworkable Breeder Reactor Lives On," *The Atlantic*, April 1983, 35.

4　平均すると、核分裂1回当たり3個未満の中性子しか放出されないが、ウラン235は天然ウランの原子核140個当たり1個（0.7%）だけである。従って、天然ウラン中で連鎖反応を維持するには、中性子がウラン235に優先的に吸収される必要がある。そして、実際、中性子エネルギーが低い場合には、十分な優先的吸収が起きるのである。中性子を減速しないで連鎖反応を維持するには、ウラン235が20%以上に濃縮されたウラン、あるいは、天然または劣化ウランにプルトニウムを15%以上混ぜたものを使う必要がある。H. Sztark et al., "The Core of the Creys-Malville Power Plant and Developments Leading Up to Superphenix 2," in *Fast Breeder Reactors: Experience and Trends*, Proceedings of a Symposium, Lyons, 22–26 July 1985, 275–287, Table 2, https://inis.iaea.org/collection/NCLCollectionStore/_Public/17/036/17036858.pdf.

5　Leo Szilard, "Liquid Metal Cooled Fast Neutron Breeders," 6 March 1945, in *The Collected Works of Leo Szilard*, Vol. 1, *Scientific Papers*, ed. Bernard T. Feld and Gertrud Weiss-Szilard（Cambridge, MA: MIT Press, 1972）, 369–375.

6　ロシアは、鉛（融点328℃）冷却の高速中性子炉BREST-300の建設を計画している。

7　Leo Szilard, "Atomic Energy."

8　John G. Fuller, *We Almost Lost Detroit*（New York: Reader's Digest Press, 1975 Gil Scott-Heron, "We Almost Lost Detroit," 1990, https://www.youtube.com/watch?v=b54rB64fXY4.
　　共著者の1人の田窪は前者を1978年に翻訳している（ジョン・G・フラー［田窪雅文訳］『ドキュメント・原子炉災害』時事通信社、1978年）。

9　International Atomic Energy Agency, "PRIS（Power Reactor Information System）: The Database on Nuclear Reactors," https://www.iaea.org/PRIS/home.aspx.

10　カナダの原子炉は、冷却材に「重水」を使っている。「重水」は酸素と「重水素」からなる。陽子だけから成る普通の水素の原子核と異なり、「重水素」の原子核は、陽子に加えて中性子を持っている。このため、酸素と普通の水素から成る水の方は、「軽水」と呼ばれる。自然界では、6400個の水素原子当たり1個が重水素である。重水素は、普通の水素の2倍の重さを持つため、これを分離するのは比較的容易である。

11　2018年、天然ウランのコストは、約60ドル/kgだった。1kgの天然ウランを原子炉用の低濃縮ウランにする際、中に含まれている約7gのウラン235のうち、約4.5gが燃料内に含まれることになり、約4.5MWt・日の熱を放出する。これは、1.5MWe・日（3万6000kWh）の電力に転換される。従って、1キロワット時の電力のコストに対する天然ウランのコストの寄与分は、約0.0017ドル/kWh（$60/36,000 kWh）となる。

12　R.B. Fitts and H. Fujii, "Fuel Cycle Demand, Supply and Cost Trends," *IAEA Bulletin* 18, no. 1（February 1976）, 19–24.

13　US Atomic Energy Commission, *Liquid Metal Fast Breeder Reactor Program: Environmental Statement*, 1974, Fig. 11.2-27.

14　International Atomic Energy Agency, "PRIS."

15 "Wackersdorf Nuclear Reprocessing Plant, Baviera, Germany," [sic] Environmental Justice Atlas, https://ejatlas.org/conflict/wackersdorf-nuclear-reprocessing-plantg-baviera-germany.

16 "German Nuclear Waste Arrives to Big Protests," Reuters, 6 March 1997, https://www.nytimes.com/1997/03/06/world/german-nuclear-waste-arrives-to-big-protests.html.

17 International Atomic Energy Agency, "PRIS."

18 Mycle Schneider and Yves Marignac, *Spent Nuclear Fuel Reprocessing in France*, International Panel on Fissile Materials, 2008, http://fissilematerials.org/library/rr04.pdf.

19 International Panel on Fissile Materials, *Plutonium Separation in Nuclear Power Programs: Status, Problems, and Prospects of Civilian Reprocessing Around the World*, 2015, endnote 16, http://fissilematerials.org/library/rr14.pdf.

20 International Panel on Fissile Materials, *Plutonium Separation*, 51.

21 National Audit Office, *The Nuclear Decommissioning Authority: Progress with Reducing Risk at Sellafield*, 2018, https://www.nao.org.uk/wp-content/uploads/2018/06/The-Nuclear-Decommissioning-Authority-progress-with-reducing-risk-at-Sellafield.pdf.

22 Nuclear Decommissioning Authority, "End of Reprocessing at Thorp Signals New Era for Sellafield," 16 November 2018, https://www.gov.uk/government/news/end-of-reprocessing-at-thorp-signals-new-era-for-sellafield.

23 International Panel on Fissile Materials, *UK Sellafield Magnox Reprocessing Plant to close in 2021, one year later than planned*, 2020, http://fissilematerials.org/blog/2020/08/uk_sellafield_magnox_repr.html

24 International Panel on Fissile Materials, *Global Fissile Material Report 2015: Nuclear Weapon and Fissile Material Stockpiles and Production*, 2015, http://fissilematerials.org/library/gfmr15.pdf ; Hans M. Kristensen and Robert S. Norris, "Status of World Nuclear Forces," Federation of American Scientists, June 2018, https://fas.org/issues/nuclear-weapons/status-world-nuclear-forces/ ; International Atomic Energy Agency, "Communication Received from Certain Member States Concerning Their Policies Regarding the Management of Plutonium," INFCIRC/549, 16 March 1998, annual updates, https://www.iaea.org/publications/documents/infcircs/communication-received-certain-member-states-concerning-their-policies-regarding-management-plutonium.

25 Mohamed ElBaradei, "Seven Steps to Raise World Security," International Atomic Energy Agency, 2 February 2005, https://www.iaea.org/newscenter/statements/seven-steps-raise-world-security.

26 Randall Gauntt et al., *Fukushima Daiichi Accident Study, (Status as of April 2012)* , Sandia National Laboratories, SAND2012-6173, 2012, Chap. 8, https://prod-ng.sandia.gov/techlib-noauth/access-control.cgi/2012/126173.pdf.

I 部 | 夢

「エネルギー界」（電力会社、メーカー、大学、政府）にいるわれわれは、われわれの増殖炉開発プログラムを通して、自然の贈り物——すなわち、向こう何千年にも亘ってわれわれの必要を満たすことのできる豊富な低コストの原子力——の活用に向けて、すでに着実に進んできている。

——グレン・シーボーグ　1970年10月5日[1]

原注
1　グレン・T・シーボーグ　『将来のプルトニウム経済』（1970年10月5日にニューメキシコ州サンタフェ市で開催された「第4回プルトニウムその他のアクチニドに関する国際会議」におけるスピーチ。
http://fissilematerials.org/library/aec70.pdf

増殖炉プログラム　タイム・ライン

開始		停止

インド 高速増殖原型炉(PFBR)?　　2020　　　　　　　　　　**予定** (2018) ↑

ロシア BN-800　　　　　　　　2015　　**日本** もんじゅ廃炉

中国　高速実験炉

　　　　　　　　　　　　　　　2010

　　　　　　　　　　　　　　　2005

　　　　　　　　　　　　　　　2000

　　　　　　　　　　　　　　　　　フランス スーパーフェニックス廃炉

　　　　　　　　　　　　　　　1995

　　　　　　　　　　　　　　　　　英国 高速原型炉(PFR)廃炉

　　　　　　　　　　　　　　　　　ドイツ SNR-300 放棄
　　　　　　　　　　　　　　　1990

チェルノブイリ事故　原子力発電容量伸び停滞

インド　高速増殖実験炉　　　　1985

　　　　　　　　　　　　　　　　　米国 クリンチリバー炉キャンセル

ソ連 BN-600　　　　　　　　　1980
ドイツ KNK II
日本 常陽

　　　　　　　　　　　　　　　1975

シーボーグ　プルトニウム経済講演	1970

ソ連 BOR-60
フランス ラプソディー

　　　　　　　　　　　　　　　1965

英国 ドーンレー高速炉　　　　　1960

　　　　　　　　　　　　　　　1955

米国 高速増殖実験炉(EBR I)

　　　　　　　　　　　　　　　1950

シラード　増殖炉考案	1945

第2章 夢
プルトニウムを動力源とする未来

第二次世界大戦時の秘密核兵器計画の際、プルトニウム生産施設を設計していた小さなグループは、核兵器が人類の将来にとって何を意味するかについて非常に憂慮した。彼らは、核分裂の平和利用の恩恵が核兵器の危険を補って余りあることを願った。

このグループの一部の人々は、ドイツの化学者フリッツ・ハーバーが空気中の窒素を使ってアンモニアを製造する実際的な工業プロセスを開発したこととの類似性に希望を抱いた。ドイツが最初にこのプロセスを活用したのは、第一次大戦中、火薬・爆薬用の硝酸塩を製造するためだった。しかし、戦後、同じプロセスが肥料用の硝酸塩を製造するのに世界中で使われた。天然のチリ硝石の差し迫った枯渇についての心配をなくし、農業生産力と世界の人口の大幅な伸びを可能にした。ハーバーは第一次世界大戦中の化学兵器使用開始に関し、指導的立場にあったことから、戦後の一時期、戦犯として追跡されたが、それにもかかわらず、1920年にノーベル化学賞を受賞した[1]。

第二次世界大戦後、多くの核科学者らは、核分裂も最初は戦争で使われたが、クリーンなエネルギー源として人類に大きな恩恵をもたらすようになることを願った——非常に豊富かつ安価で、砂漠に花を咲かせるために海水の淡水化にさえ使えるかもしれないと。しかし、この夢は、ウランのなかに潜在的に存在する核分裂エネルギーを十分に活用できるプルトニウム増殖炉の成功にかかっていた。

ハーバーとの類似性は、1945年にもう一人のドイツ人科学者オットー・ハーンが1938年の核分裂の共同発見者としてノーベル化学賞を受賞したというところまでは生きていた[2]

2.1 二重目的炉

1950年代から60年代にかけて建設された最初の産業規模の発電用原子炉

は、二重目的炉だった。その主要目的は、英仏の核兵器用にプルトニウムを生産することだった。しかし、生み出された核分裂熱は、副産物として発電に使われた[3]。

　英国は、4基のコールダーホール「マグノックス」炉[4]と軍事用再処理工場を、イングランド北西海岸のシースケールに近い現セラフィールド・サイトに建設した。これらの原子炉は、1956年、57年、58年、59年に送電線に繋がれた。フランスは、G2及びG3ガス冷却炉でこれに続いた。これらは1959年と60年に送電を開始した。フランスの原子炉もやはり、フランス南部のローヌ川沿いのマルクール・サイトにある軍事用再処理工場に隣接して建てられた。

　これらの原子炉は、米国北西部に位置するワシントン州のコロンビア川沿いに建てられたプルトニウム生産炉と同じく、フェルミの最初の空気冷却「パイル」の直系の子孫だった。黒鉛からなる巨大な炉心に「燃料チャンネル」を通し、そこにウラン燃料が挿入され、中を通り抜ける冷却材が核分裂熱を運び去る構造だった。相違点は、英仏の原子炉は二酸化炭素で冷やされていたことである。二酸化炭素は、水の沸点より高い温度まで熱することができ、したがって、発電用の蒸気を作り出すことができた[5]。燃料は、天然ウラン金属をマグネシウム合金の燃料被覆管の中に入れたもので、プルトニウム回収のために溶かしやすい設計となっていた。

2.2　プルトニウムの生成

　ウラン235の核分裂は1回当たり2個から3個の中性子を放出する。平均して、中性子のうちの1個がもう1回のウラン235の核分裂を起こすことができれば、連鎖反応を維持することが可能となる。しかし、天然ウランにはウラン235の原子1個に対し、連鎖反応をしないウラン238の原子が約140個の割合で存在する。もし、ウラン235とウラン238が中性子を同じように吸収するのなら、天然ウラン内のウラン238は中性子の99パーセント以上を吸収するから、連鎖反応を維持するのに十分なだけの数のウラン235の核分裂は起きない。

　しかし、黒鉛減速原子炉で一つの燃料チャンネルから別のチャンネルに

図2-1　ウラン内における核分裂連鎖反応とプルトニウムの生成

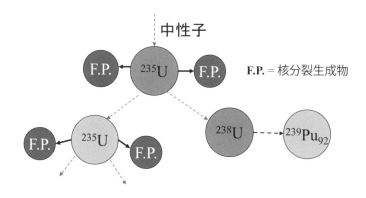

定常出力においては、平均して、1個のウラン235の原子の核分裂によって放出された中性子のうち1個がもう一つの核分裂を起こす。残りの中性子のほとんどは、連鎖反応を起こさないウラン238に吸収されて、ウラン239を生み出す。ウラン239の原子核は不安定で、平均して数日以内に、中の二つの中性子が崩壊して陽子となる。これによって、原子核は連鎖反応を起こすプルトニウム239となる（ウランの原子番号（陽子数）は92、プルトニウムは94）。しかしウラン235の1回の核分裂で生み出されるプルトニウムは、平均して、1個未満である。このためウランを燃料とする原子炉では、連鎖反応をする原子の発生数が核分裂した原子の数よりも多くなって「増殖」するということはない。(著者ら)

　向かう中性子は、黒鉛減速材の中の炭素原子との衝突によって速度が落とされる。そして、低エネルギーの中性子は、ウラン238よりウラン235の方にずっと吸収されやすい。黒鉛減速原子炉が天然ウランでも連鎖反応を維持できるのはこのためである。

　天然ウラン燃料の中でプルトニウムが多量に生産されるのは、連鎖反応を維持しない中性子のほとんどがウラン238の原子核に捕獲されるからである（図2-1）。

　英国は、イタリアと日本に1基ずつマグノックス炉を輸出した。フランスも同様に、ガス冷却炉を1基、スペインに輸出した[6]。イタリアと日本は、どちらも使用済み燃料を再処理のために英国に送った。イタリアは、最終的にその分離済みプルトニウムを、フランスにおける仏独伊増殖炉プロジェクトに提供した。英国は、日本のマグノックス炉の使用済み燃料から分離した合計3.3トンのプルトニウムのうち、約0.8トンを1970年から81年にかけてプ

ルトニウム増殖炉プログラム用として日本に返還した。残りは2018年末現在、英国に保管されたままになっている[7]。

スペインは、フランス製のガス冷却炉の使用済み燃料をフランスに送り返した。この使用済み燃料は再処理され、回収されたプルトニウムはフランスの核兵器プログラムで使われた可能性がある[8]。

北朝鮮の核兵器用プルトニウムを生産した寧辺の原子炉は、英国のコールダーホール型原子炉の小型化バージョンである。コールダーホール型炉の設計情報は、詳しく公表されていた。公表の最初の機会となったのは、米国のドワイト・アイゼンハワー大統領による1953年の「平和のための原子力（アトムズ・フォー・ピース）」演説に対応する形で55年に開かれた「原子力の平和利用に関する第1回国際会議」でのことである[9]。

カナダは、黒鉛ではなく「重水（heavy water）」で減速する天然ウラン燃料炉を開発した。この基礎となったのはパリにおける戦前の核物理学研究である。この研究は、ドイツがフランスに侵入した後、保管されていた重水とともにカナダに移された。

重水を構成する水素原子の原子核には、軽水（普通の水）の場合と異なり、1個の陽子のほかに、1個の中性子が入っている。これらの原子核は、「デューテロン（重陽子）」と呼ばれ、重水素（heavy hydrogen）は「デューテリウム」と呼ばれる。自然界では、重水素の原子は、水素原子の約0.01パーセントしか占めていない。しかし、原子炉で使われる重水では、その含有率が99.75パーセントまで高められている。重水の原子核は、陽子だけからなる普通の水素の原子核と比べ、入ってくる中性子を吸収する可能性がずっと小さい。重水減速炉で天然ウラン燃料による連鎖反応を維持できるのはこの特性のためである。普通の「軽」水で減速した原子炉（軽水炉）ではこれができない。

第二次大戦中、ドイツの核計画に従事していた物理学者らは黒鉛内における中性子吸収を計測したが、この黒鉛には微量のホウ素──非常に強力な中性子吸収体──が含まれていたことを理解していなかったようである。このため、彼らは、天然ウランを燃料とする原子炉の減速材として黒鉛を使うことはできないと確信するに至り[10]、実験炉用として十分な量の重水を占領下のノルウェーから入手することに専心した。英国の情報機関は、この動きに

気づき、英国に本拠を置くノルウェーの特殊部隊がノルウェーにパラシュートで降下した[11]。重水製造に使われていた機器を破壊すると同時に、重水を積んでドイツに向かおうとしていたフェリーボートを沈めるためである。

カナダは自国用の核兵器を作ろうとはしなかったが、その最初の重水炉（NRX）——1947年に運転開始——は、元々は、米国の核兵器計画用にプルトニウムを生産するべく設計されたものだった。照射済みのウラン金属燃料を米国に送って再処理するという計画だった。しかし、ほどなく、NRXのプルトニウム生産量は、米国のプルトニウム生産炉の生産量と比べて見劣りのするものとなっていった。NRXの使用済み燃料を再処理のために米国に輸送するのは、苦労の割に得るものが少ないということになり、NRXはカナダ初の研究炉となった。

しかし、その10年後、1959年から64年にかけて、カナダはNRXの使用済み燃料（252 kgのプルトニウムを含有）を米国サバンナリバー・プルトニウム生産施設に送っている。この使用済み燃料は再処理され、取り出されたプルトニウムは、その160倍の量の米国の「兵器級」プルトニウム——米国がその生産ピーク時代に生産したもの——と混ぜられた[訳注1]。

カナダの発電用原子炉はすべて、NRXの派生物である。天然ウランを燃料とし、重水を減速・冷却材として用いる。これらの炉は、CANDU（CANadian Deuterium-Uranium：カナダ重水ウラン）炉と呼ばれる。燃料は、ウラン酸化物をセラミックの柱状ペレットにして、耐食性のジルコニウム合金のさやに収めたものである。この燃料は、水中で無期限に保管できる。CANDUの冷却材のチャンネル内の重水は加圧されていて、そのため、加圧されていない水の沸点よりずっと高い温度でも液体のままにとどまる。その熱は、普通の水に伝えられ、蒸気を発生させ、それがタービン発電機を動かす。

これらの第一世代の原子炉は、すべて、天然ウランを燃料としていた。なぜなら、第一世代のウラン濃縮工場はコストが膨大で、最初は核兵器用の高濃縮ウラン（HEU）を生産するための専用施設だったからである。

訳注1　この段落は日本語版用追補。以下を参照。U.S. Department of Energy, Plutonium: The First 50 Years, 1996, 42, http://fissilematerials.org/library/doe96.pdf.

2.3 軽水炉とウラン濃縮

英仏の黒鉛減速・ガス冷却発電用原子炉のスタートが早かったにもかかわらず、ほどなく、別の型の発電用原子炉が主力となった。軽水炉（light water rector=LWR）である。これは米国が潜水艦の推進用に開発した炉で、第1章で述べた通り、1957年に運転を開始した米国最初の原子力発電所──シッピングポート──は、空母の動力源とするために設計されたものだった。

プルトニウム生産炉とそれから派生した第一世代の発電用原子炉は、天然ウランを燃料としている。しかし、黒鉛や重水の中では中性子の減速に必要な距離が長いことから、原子炉は大きくならざるを得なかった。米国は、「軽い」（普通の）水を減速・冷却材とする原子炉を海軍用に使うことを選んだ。なぜなら「軽水素」の原子核は、陽子1個だけからなり、中性子との衝突1回当たり、はるかに大きなエネルギーを吸収するため、短い距離で中性子の速度を落とせるからである。これにより、軽水炉の炉心はコンパクトにできる。これは、潜水艦の原子炉にとっては決定的に重要である。しかし、軽水内では前述のように中性子の吸収の確率が高いため、軽水炉で黒鉛・重水減速の原子炉のような減速を達成しようとすると、中性子喪失が大きすぎて、連鎖反応の維持、つまりは「臨界」が達成できない。それで、軽水炉のウラン燃料では核分裂性のウラン235を濃縮することが必要となる。大型の発電用軽水炉で使う酸化ウラン燃料では、ウラン235の濃縮度は3～5パーセントとなる。米国海軍用の小型原子炉では、濃縮度は90パーセント以上に達する。

ウラン濃縮は、発電用原子炉にとって追加コストを意味するが、潜水艦の場合には、よりコンパクトな炉心による「圧力容器」のサイズの縮小、そして、搭載原子炉の軽量化による潜水艦船体の小型化に関連した費用削減が、このコストを補って余りあるものとなる。

米国が軽水炉を開発することができたのは、非常に大きなウラン濃縮能力を持っていたからである。この能力は、元々は、1950年代に何万発もの核兵器用として、ウラン235の含有率90％以上の「核兵器級」ウランを生産するために確保されたものだったが、1960年代に米国の核弾頭保有量の伸びが緩

やかになり、最終的に止まったため、他の用途に利用できるようになったのである。何世代もの核兵器の製造が冷戦の終結まで続いたが、それに必要な高濃縮ウラン（HEU）は、退役核兵器から取り出したものがリサイクルされた。

米国の主要濃縮技術——第二次大戦中に開発され、ロ・英・仏・中の各国がコピーした技術——は、「ガス拡散」を利用したものだった。六フッ化ウラン・ガスが送り込まれて何百もの多孔性隔膜を通過する際、ウラン235を成分とする軽い方の分子が、ウラン238を成分とする分子よりもわずかながら速く動き、その結果、それぞれの隔膜の向こう側でわずかながら濃縮されるという仕組みである。工場は巨大で、膨大な費用がかかるものだった。第二次世界大戦中のマンハッタン・プロジェクトにおいて、200億ドル（2017年ドル換算）（約2兆2000億円）がテネシー州オークリッジでの高濃縮ウラン製造に使われた[12]。1950年代に同規模の工場がテネシー州とオハイオ州で追加され、合計3カ所となった。

核兵器用の高濃縮ウランの生産のために米国が建設したこれら三つの工場を合わせた容量は非常に大きく、米国は1970年代に入ってもソ連圏以外の発電用原子炉で使われる低濃縮ウランの供給を独占していた[13]。

ソ連は、1970年代にガス遠心分離機による濃縮に移行したが、ソ連圏外で遠心分離濃縮が重要になったのは、90年代になってからのことで、それは、オランダ・ドイツ・英国のウレンコ（URENCO）コンソーシアムの成功による。技術を習得してしまうと、小規模の遠心分離プラントを比較的低コストで目立たないように建設することができる。遠心分離濃縮による核拡散は80年代に問題となった。最初はパキスタンとブラジルで、続いて2000年代にイランと北朝鮮が問題となった[14]。

2.4 プルトニウム増殖炉

黒鉛減速炉及び重水減速炉に対する軽水炉の勝利は、1970年には明らかになっていた。すべての先進工業国の原子力推進体制派は、これらの型の原子炉のいずれに基礎を置くものであれ、この種の原子力発電では、伸び続ける世界的電力需要を満たすことはできないと確信していた。需要は、ほぼ10年ごとに2倍になっていた。軽水炉の主要燃料であるウラン235は天然ウラ

ンのわずか0.7パーセントを占めるにすぎず、これらの原子炉を経済的に競争力のあるものにできる高品位ウラン鉱は希少と考えられていた。

　フェルミとシラードがシカゴ大学で編成した原子炉設計グループは、第二次世界大戦後、シカゴ郊外に移動し、米国原子力委員会のアルゴンヌ国立研究所を設立した（フェルミとシラードの2人は、基礎研究に戻っていた）。数年内に、プルトニウムを燃料とし、消費した以上のプルトニウムを豊富なウラン238から増殖するナトリウム冷却炉というシラードのアイデアが研究所の主要課題となった。核分裂したプルトニウムにとって代わるのに十分な割合でウラン238をプルトニウムに転換するには、1回の核分裂当たり1個を超えるプルトニウム原子の誕生が必要となる。そして、それは、プルトニウムの1回の核分裂当たり、より多くの中性子が生まれることを必要としていた（図2.2）。

　シラードが増殖炉についての最初の提案[15]で述べたように、1回の核分裂当たり、より多くの中性子が生み出されるためには、核分裂反応が「高速」中性子——発生時の速度の相当部分を維持している核分裂中性子——を仲立ちとして起きる必要がある。そのためには、中性子があまりエネルギーを失うことなく跳ね返る重い原子核を持つ冷却材が必要となる。選ばれた冷却材は、シラードが提案した通り、液体ナトリウムだった。なぜなら、液体ナトリウムは、中性子を吸収せず、比較的低い温度（98℃）で溶け、そして、金属なので熱を極めて効率よく伝えるからである。

　ナトリウムの問題点は、反応性が高く、空気や水と接触すると燃えることである。物理学者らは、どうやら、巧妙な技術的措置により、ナトリウムが漏れたり、原子炉の燃料交換の際に空気や水と接触したりすることが決してないようにすることができると考えたようである。マーフィーの法則「失敗する余地があるなら、そうなる」は、まだ、明言されていなかった——違う形のものはずっと古くからあったが[16]。

　世界の「原子力界」の増殖炉に対する熱狂ぶりが頂点に達したのは、1960年代、グレン・シーボーグが、強大な力を持つ米「原子力委員会（AEC）」の委員長だった時のことである。シーボーグは、プルトニウムその他の超ウラン元素の発見の功績により、1951年ノーベル化学賞を共同受賞している。彼の委員長期間中、米国の原子力発電容量は、基本的にゼロから、稼働中、建

図2.2　プルトニウム核分裂連鎖反応と増殖

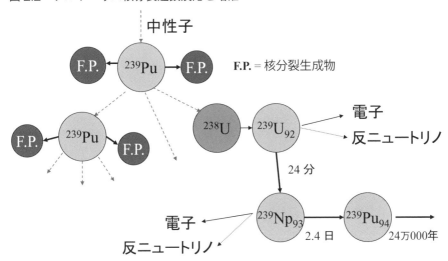

中性子

F.P. ← 239Pu → F.P.　　**F.P.** = 核分裂生成物

F.P. ← 239Pu → F.P.

238U　239U₉₂ → 電子

→ 反ニュートリノ

24分

電子 ← 239Np₉₃ → 239Pu₉₄ →

反ニュートリノ　　　2.4日　　24万000年

高速中性子がプルトニウム原子核の核分裂を起こした場合、その核分裂からは低速中性子による核分裂の場合よりも多くの中性子が放出される。このため、核分裂したプルトニウム原子1個当たり、平均して1個より多くのプルトニウム原子を生み出すことが可能となる。この例では、1個のプルトニウム239の核分裂から出た1個の中性子によって1個のプルトニウム239の原子核が作られている。実際の増殖炉では、平均は、1より少しだけ多い程度である。このため、元のプルトニウムの量の2倍以上を生み出すには10年以上かかる[17]。この図では、また、ウラン238における中性子吸収によって生まれたウラン239がプルトニウム239に「核変換」される過程が示されている。原子核の中の中性子が2回続いて陽子に変わり、それぞれの変換の際、電子と反ニュートリノが放出されるのが分かる。図に示されている期間［分・日・年］は、半減期——所与の放射性核種の量の半分が崩壊して別の元素になるまでの時間——である（著者ら）。

設中、発注済み合わせて7500万キロワット（75ギガワット（GWe））へと伸びた。これは、1970年の米国の総発電容量の20パーセントに相当する量だった[18]。

　当時、石炭が米国の電力の55パーセントを発電しており[19]、その寄与率はその後、1973年のアラブ諸国の原油禁輸措置に続いた石油価格高騰のため、伸びていった。シーボークは、米国の発電容量は2000年までに4倍になると見ていた。当時すでに大気汚染の主要要因の一つとなっていた石炭にこの容量の発電のほとんどを頼るのは容認しがたいことだと彼は考えた。

　そして、米国以外の国々のことも考えなければならなかった。1970年には、人口で世界の5.5パーセントの米国が、世界の経済生産の37パーセントを占

めていて[20]、世界の他の諸国は米国に追いつこうと試みていた。1972年には『成長の限界』[21]が30カ国語で出版され、販売部数3000万部を記録することになる[22]。シーボーグの見るところでは、「原子力は、歴史的に言って、ぎりぎり間に合う形で登場した」のだった[23]。

彼の考えでは、問題は、天然ウラン中に潜在する核分裂エネルギーを利用する上での軽水炉の効率の悪さだった。

現在の軽水炉はウラン燃料中にある潜在的エネルギーの1〜2パーセントしか取り出さない。化石燃料発電所と経済的競争力を持つように軽水炉の発電コストを抑えるためには、低コストのウラン鉱が大量に得られなければならない[24]。

もっと具体的に言うと、軽水炉は、天然ウランに0.7パーセントしか含まれていない核分裂性のウラン235のエネルギーしか効率よく使うことができない（軽水炉でもウラン238の一部をプルトニウムに変換して、これを分裂させているというのは事実ではある）。予測される原子力の伸びから言って、必要な規模の低コストのウランが発見されるのはありそうもないと考えられた。

シーボーグは、増殖炉によって生産されるプルトニウムが人類の文明の主要な燃料となる「プルトニウム経済」を思い描いた。彼は、1970年4月、退任の1年前に、プルトニウム及びその他の超ウラン元素に関する会議の参加者にこう述べている。

> 「エネルギー界」（電力会社、メーカー、大学、政府）にいるわれわれは、増殖炉開発プログラムを通して、自然の贈り物——すなわち、向こう何千年にも亘ってわれわれの必要を満たすことのできる豊富な低コストの原子力——の活用に向けて、すでに着実に進んできている[25]。

彼は、増殖炉の数を7〜10年毎に2倍にすることが可能と考えた。稼働中の増殖炉での生産で追加されるプルトニウムを新設の増殖炉の初期燃料用に使えるというのである。

シーボーグは、軽水炉の使用済み燃料の中に「1980年代からの高速増殖炉大規模導入を支える」のに充分なプルトニウムが蓄積されつつあると付け加えた。

これは、説得力を持つビジョンだった。そして、それは、当時の世界で最も権威のある原子力研究・開発組織の責任者の示したものだった。シーボーグが原子力の将来についての講演をした1970年、米国は、世界の原子力発電容量のほぼすべてを占めていた。5年後の1975年になっても、米国のシェアはなお60パーセントを占めていた[26]。50年近く経った2018年においても、1960年代から70年代にかけて米国で開始されたすべての原子力発電所建設の結果として、米国は、世界で最大の原子力発電容量を有していた。世界全体の約4分の1である。フランスが2位だった。中国は3位だったが、米仏と異なり、大規模な建設計画が進行中で、これら2国に迫りつつあった[27]。

エネルギーの将来に関する米国AECのビジョンは、他の先進工業国の原子力推進体制派に対して増殖炉計画を開始させる効果を持った。米国にこれ以上遅れを取りたくないと考えたからである。フランス、ドイツ、イタリア、日本、ソ連はすべて増殖炉開発計画を開始し、少なくとも、パイロット規模の再処理工場を建設した。軽水炉及びガス冷却炉の使用済み燃料からプルトニウムを取り出して増殖炉の初期装荷燃料とするためである。ベルギー、オランダ、スイスも、自国の使用済み燃料を英仏で再処理する契約を結ぶことによって、増殖炉開発の取り組みに寄与した。

原注

1　Å.G. Ekstrand, "Award Ceremony Speech" (speech at the Royal Swedish Academy of Sciences, Stockholm, 1 June 1920) , https://www.nobelprize.org/nobel_prizes/chemistry/laureates/1918/press.html ; Sarah Everts, "Who Was the Father of Chemical Weapons?" *Chemical & Engineering News*, 2017, http://chemicalweapons. cenmag.org/who-was-the-father-of-chemical-weapons/ ; Paul Barach, "The Tragedy of Fritz Haber: The Monster Who Fed the World," Medium.com, 2 August 2016, https://medium.com/the-mission/the-tragedy-of-fritz-haber-the-monster-who-fed-the-world-ec19a9834f74.

2　このノーベル賞は、ユダヤ人女性のリーゼ・マイトナーとの共同受賞とならなかったため論議を呼んだ。マイトナーは、核分裂の発見をもたらした実験を共同で開始したたことで高い評価を受けた物理学者だった。途中で、1938年に命からがらドイツから脱出しなければならなくなったが、手紙でハーンへの助言を続けた。そして、重い元素のウランに中性子を浴びせることにより中程度の重さのバリウムが発生しているというハーンの謎の発見について説明する鍵は核分裂かもしれないと最初に示唆したのは、マイトナーとそのいとこのオットー・フィッシュだった。Ruth Lewin Sime, *Lise Meitner: A Life in Physics* (Berkeley, CA: University of California, 1996) .

3　ソ連の実験的な黒鉛減速・水冷却オブニンスク原子力発電所は、これらよりも早く、1954年に送電線に接続されたが、その発電容量は、英仏の原子炉の約10分の1しかなかった。

4 「マグノックス」という用語は、ウラン金属燃料の被覆管の材料、マグネシウム・アルミニウム
合金の名前から来ている――「酸化しないマグネシウム（magnesium, not oxidizing）」。しか
し、その名前にもかかわらず、この被覆材は、水と接触すると比較的急速に腐食する。北朝鮮
が1994年に再処理しないことに同意した後、寧辺のマグノックス炉の使用済み燃料に見られた
通りである。「マグノックス」という言葉は、大雑把な用法では、マグネシウム・ジルコニウム
合金の被覆材を持つフランスのガス冷却炉にも使われている。 "Magnox," Wikipedia, https://
en. wikipedia,org/wiki/Magnox.

5 S. E. Jensen and E. Nonbøl, *Description of the Magnox Type of Gas Cooled Reactor*
(*MAGNOX*) , Nordic Nuclear Safety Research, 1998, https://inis.iaea.org/collection/NCL
CollectionStore/_Public/30/052/30052480.pdf.

6 International Atomic Energy Agency, "PRIS（Power Reactor Information System）: The
Database on Nuclear Reactors," https://www.iaea.org/PRIS/home.aspx.

7 「英再処理問題専門家逝く――日本のプルトニウムの謎解明に協力」、核情報、2020年。 http://
kakujoho.net/npt/pu_mrtnf.html.

8 Albright, Berkhout, and Walker, *Plutonium and Highly Enriched Uranium 1996*, 150.

9 William H. Richardson and Frances Strachwitz, comps., "Sandia Corporation
Bibliography: Gas-Cooled Reactors," Sandia Corporation, SCR-86, September 1959,
https://www.osti.gov/servlets/purl/4219213.

10 Hans A. Bethe, "The German Uranium Project," *Physics Today* 53 no. 7（2000）, 34,
https://physicstoday.scitation.org/doi/pdf/10.1063/1.1292473.

11 *The Heavy Water War*, Norwegian Broadcasting Corporation, 2015.

12 Stephen I. Schwartz, ed., *Atomic Audit: The Costs and Consequences of U.S. Nuclear
Weapons Since 1940* (Washington, DC: Brookings Institution Press, 1998) , 58.

13 1960年代初頭における三つの工場の年間生産量は、約1600万分離作業単位だった。軽水炉の発
電容量約1億6000万kW ［100万kWの原発160基分］を賄える量である。Thomas B. Cochran,
William M. Arkin, Robert S. Norris, and Milton Hoenig, *Nuclear Weapons Databook*, Vol. 2,
U.S. Nuclear Warhead Production (Cambridge, MA: Ballinger, 1987) , 184.

14 北朝鮮の最初の核兵器用材料はプルトニウムだった。その生産プログラムの建設・運転は、米
国が衛星を使って監視してきた。後に、パキスタンから移転された遠心分離技術によって北朝
鮮は高濃縮ウランを、発見されにくい同時並行的プログラムで製造する能力を得た。

15 Leo Szilard, "Liquid Metal Cooled Fast Neutron Breeders," 6 March 1945, in *The
Collected Works of Leo Szilard*, Vol. 1, *Scientific Papers*, ed. Bernard T. Feld and Gertrud
Weiss-Szilard (Cambridge, MA: MIT Press, 1972) , 369–375.

16 "Murphy's Laws Site," http://www.murphys-laws.com/murphy/murphy-true.html.

17 International Nuclear Fuel Cycle Evaluation, *Fast Breeders: Report of Working Group 5*
(Vienna: International Atomic Energy Agency, 1980) , Tables 2, 4, 6.

18 Glenn T. Seaborg, "Nuclear Power: Status and Outlook" (speech at the American
Power Conference, Institute of Electrical and Electronic Engineers, Chicago, 22 April
1970) in *Peaceful Uses of Nuclear Energy: A Collection of Speeches by Glenn T. Seaborg*
(Germantown, MD: US Atomic Energy Commission, 1971) , 9–15.

19 US Bureau of the Census, *Statistical Abstract of the United States:* 1991 (Washington,
DC: US Department of Commerce, 1991) , Table 972, https://www.census.gov/library/
publications/1991/compendia/statab/111ed.html.

20 World Bank, "GDP（current US$）," https://data. worldbank.org/indicator/NY.GDP.
MKTP.CD?end=2017&start=1968&year_low_desc=false.

21 Donella Meadows et al., *The Limits to Growth* (New York: Universe Books, 1972).(D・H・メドウズ他［大来佐武郎監訳］『成長の限界』ダイヤモンド社、1972年)

22 Jørgen Stig Nørgård, John Peet, and Kristín Vala Ragnarsdóttir, "The History of The Limits to Growth," *Solutions* 1, no. 2 (March 2010), 59–63.

23 Glenn T. Seaborg, "The Need for Nuclear Power," Testimony before the Joint Committee on Atomic Energy, 29 October 1969, in *Peaceful Uses of Nuclear Energy*, 3.

24 Seaborg, "Nuclear Power."

25 Glenn T. Seaborg, "The Plutonium Economy of the Future" (speech at the Fourth International Conference on Plutonium and Other Actinides, Santa Fe, New Mexico, 5 October 1970), http://fissilematerials.org/library/aec70.pdf.

26 US Bureau of the Census, *Statistical Abstract of the United States:* 1980 (Washington, DC: US Department of Commerce, 1980), Table 1043, https://www.census.gov/library/publications/1980/compendia/statab/101ed.html ; R.B. Fitts and H. Fujii, "Fuel Cycle Demand, Supply and Cost Trends," *IAEA Bulletin* 18 no. 1 (February 1976), 19–24.

27 International Atomic Energy Agency, "PRIS," https://www.iaea.org/PRIS/home.aspx.

II部 悪夢

　世界中に4000基もの原子炉を持つシステムという
ビジョンは、真剣に受け止めるべきだろうか。1944
年にエンリコ・フェルミ自身が、原子力の将来は放射
能問題を抱え、核兵器製造に密接につながっているエ
ネルギー源を一般の人々が受け入れるかどうかにか
かっている、との警告を発している。

　　　　　　　　——アルビン・ワイバーグ　2003年[1]

原注
1　アルビン・ワインバーグ,『原子力が生きる新たな道（New life for
　 nuclear power)』, Issues of Science and Technology, Vol. 19, No.4,
　 Summer 2003, https://issues.org/weinberg/

再処理計画タイムライン

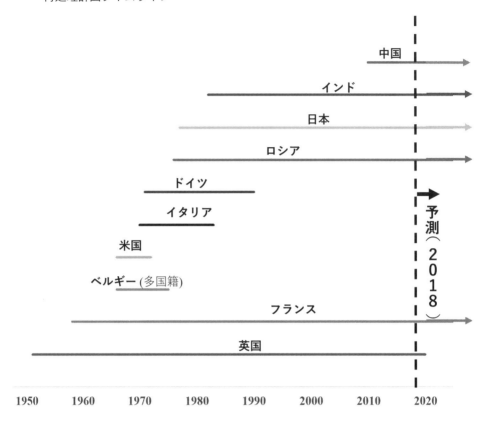

第3章 民生用プルトニウム分離と核拡散

国際連合は、第二次世界大戦終結の直後に、核兵器を使ったさらなる壊滅的な戦争が起きるのを防ごうと願って設立された。このため、国連総会最初の決議は、「国連原子力委員会（UNAEC）」を設立するというものだった。1946年1月に国連安全保障理事会の常任理事国5カ国（中国、フランス、ソ連、英国、米国）が提案した。委員会は安全保障理事会の理事国すべての代表によって構成され、目的は、「原子力の発見によってもたらされた問題を扱うこと」とされた[1]。

委員長は、米国代表のバーナード・バルークだった。投資家として成功を収めた75歳の人物で、第一次世界大戦中には戦時産業局長官を務めた。そして、ハリー・トルーマンの上院選挙戦の重要な資金提供者だった。その後、トルーマンは1944年に副大統領に選ばれ、そして、1945年4月、フランクリン・D・ローズベルトの死亡を受けて大統領となった。

1946年6月、バルークは、委員会の最初の会合で、原子力技術の国際管理に関する米国の提案を発表した[2]。技術的な詳細は、米国国務省による補完報告書『原子力の国際管理に関する報告書』の中で提示された[3]。同報告書は『アチソン・リリエンソール報告』として知られる。国務長官が設置した「原子力に関する委員会」の委員長を務めた国務次官のディーン・アチソンと、報告書を書いた「顧問委員会」の委員長を務めたデイビッド・リリエンソールの名前を冠したものである。リリエンソールは、同年夏に新設された米原子力委員会の初代委員長に任名されることになる。「顧問委員会」のメンバーで核技術について最も詳しかったのは、戦時中にニューメキシコ州ロスアラモスに設立された核兵器設計研究所のカリスマ的所長、J・ロバート・オッペンハイマーだった。

顧問たちの基本的提言は、原子力の「危険な」側面を管理するために国際的な「原子力開発機関（ADA）」を設立するというものだった。彼らが憂慮していた危険は、原子炉の事故ではなく、核技術の普及が核兵器の拡散を促進する可能性だった。この観点から、顧問たちは、天然ウランや低濃縮ウラ

ンを燃料とする原子炉は比較的安全と考えたが、ウランの採掘と濃縮、それに、使用済み燃料からのプルトニウムの分離は、ADAが管理すべきだと提言した。

　ウラン採掘事業を持つ国はウランの一部を流用して、軍事用プルトニウム生産炉を秘密裏に運転する恐れがある。濃縮工場を持つ国は、広島型原爆用に高濃縮ウラン（HEU）を製造することができる。使用済みウランを化学的に再処理することのできる工場を持つ国は、長崎型原爆用にプルトニウムを迅速に分離することができる[4]。

　米国の提案は、いずれにせよ、消え去る運命にあったのだろうが、バルークは開会の演説で、アチソン＝リリエンソール報告にあった提言に二つの非生産的な案を付け加えた。第1に、ADAが設立され、査察官らが危険な核関連活動を行っている国はないと検証するまでは、バルークが「勝利の兵器」と呼ぶ核兵器を生産し続ける権利を米国は持つと主張した。第2に、国連安全保障理事会が核兵器物質の製造に向けて動いた国の政府を罰し、必要とあれば、その体制転換をすることに関し、常任理事国は、どの国であれ、これをブロックする拒否権を行使することはできないとする合意を要求した。これは、多数決の投票においてソ連が米国及びその同盟国に押し切られることを意味した。

　秘密の核兵器計画にすでに着手していたソ連はこれらの条件に反対し、国連原子力委員会での議論にこれ以上参加することを拒否した。以後、他のメンバー諸国は2年間に亘って核活動の国際的管理に関する自分たちのアイデアを詳細にまとめる作業を続けたが、最終的に、1948年、ソ連の強硬姿勢の前に、「国連原子力員会における交渉を中断する」よう提言した[5]。

　翌1949年、ソ連はその最初の核実験を実施した。この後、米国との激しい軍拡競争が続き、20年後には、それぞれが1万発の核兵器を保有するに至った。個々の核兵器の威力は広島・長崎に投下された原爆の1000倍に達するものもあった[6]。両国はどちらも、文明の終焉をもたらす能力を得たのである。必要なのは相手国及びその同盟国に対する全面核攻撃の政府命令だけとなった。

3.1 核拡散

核兵器禁止の試みが失敗に終わった後、問題は、今後何カ国が核兵器を取得することになるだろうか、というものとなった。

英国がソ連の後に続いた。英国にいた2人のヨーロッパの亡命物理学者、オットー・フリッシュとルドルフ・パイエルスは、世界で初めてウラン235の臨界質量の推定を提示した経歴を持っていた。1940年のことで、第二次世界大戦がすでにヨーロッパで始まっていたが、日米両国の参戦はまだだった。日本は1941年末にハワイのパールハーバーで米国の艦隊を爆撃した。

フリッシュとパイエルスは、核爆弾を1個作るのに十分な量の高濃縮ウランを生産することは可能だろうとの結論に達した[7]。ウラン235が1キログラムあれば核兵器ができるという彼らの推定は、実際には広島原爆で使われた量の約50分の1だったのだが、彼らのメモがきっかけとなって米国は核兵器計画に踏みきることとなる。日本によるパールハーバー攻撃の直後のことである。

フリッシュ、パイエルスその他の英国の物理学者らは、戦時中、ロスアラモス研究所のグループに加わることになった。そこでは、高濃縮ウラン爆弾とプルトニウム爆弾——それぞれ広島、長崎で使われた——が設計、製造された。戦時中の核兵器プロジェクトは、英米共同プロジェクトだったのである。これを正式にしたのは、ウィンストン・チャーチル首相とフランクリン・ローズベルト大統領が1943年と44年に共同署名した合意書である[8]。

しかし、英米の戦時下核パートナーシップは、1946年米原子力法によって終了となった。そのため、英国は、1947年に独自核兵器プログラムに着手することになった。共同戦時下事業に携わった英国のトップレベルの物理学者らの経験のおかげで、英国のプログラムは非常に迅速に進んだ。2基の黒鉛減速・空気冷却のプルトニウム生産炉——ウインドスケールⅠ及びⅡ——の運転がそれぞれ、1950年及び51年に始まり、英国の最初の核実験が1952年にオーストラリアで実施された。チャーチルの党は終戦時の選挙では、経済再生に関心が向いた国民によって敗北を喫したのだったが、この時には彼は既に首相の座に返り咲いていた。

フランスの場合は、もっと時間がかかった。一つには指導的な物理学者の間で核兵器に対する反対があったためである。彼らの一部は、フランス共産党のメンバーだった[9]。しかし、増殖炉がプルトニウムの生産と分離のための妥協案的正当性を提供した。フランスは、最初の核実験を1960年に実施した。シャルル・ドゴールが、選挙戦においてフランスの独立を保障するために核抑止力を取得することに焦点を当てて大統領に選ばれてから2年後のことだった。

　1962年のキューバ・ミサイル危機から程ない1963年3月、米国のジョン・F・ケネディー大統領は、記者会見で次のように告白している。「私たちが［全面的核実験禁止条約の締結に］成功できなければ、核保有国の数が1970年までに、4カ国［米・ソ・英・仏］ではなく10カ国に、そして、1975年までには、15カ国になってしまうかもしれないとの考えが頭から離れない」[10]。

　ケネディーが恐れていた最悪の事態は現実のものとはならなかったが、1970年までに中国とイスラエルが核兵器を取得し、核保有国の総数は6となった。1974年にインドがその数を7に増やした。

　新興国の中国は、1964年に最初の核実験を行った。米国から核攻撃の脅しを受けた後のことだった。最初は、朝鮮戦争当時、次は、1954〜55年危機の際である。54〜55年の危機は、台湾に敗走した元の中国政府の支配下にあった台湾海峡の二つの戦略的に重要な島をめぐって発生した[11]。

　イスラエルは1960年代に核兵器を取得した。フランスが提供したプルトニウム生産炉と再処理工場が利用された。両国は、1956年に英国のスエズ運河支配奪還計画の一環として、英国と協力してエジプトに侵入したのだが、ソ連による核の脅しの下、これら3カ国は計画の放棄を余儀なくされたという経緯があった[12]。イスラエルが核兵器を取得した正確な期日は定かではない。イスラエルが公然の実験を行っておらず[13]、その核兵器保有について「不透明性」政策を維持してきているからである。これは、主として、近隣諸国内の国民の間で、イスラエルの核抑止に対抗する措置を取るようにとの声が高まるのを防ぐためである[14]。

　しかし、1974年にインドが核兵器を取得してから半世紀近くの期間、保有国は2カ国増えただけである。パキスタンが1980年代に、北朝鮮が2000年代に加わって、その数は9カ国になった。

振り返ってみると、核保有国の拡散の速度は、二つの事象により鈍化され
たようである。

　冷戦。冷戦があったため、北半球のほとんどの国々は、自主的かどうかは
別として、米国あるいはソ連と同盟関係を結んだ。軍事的超大国に支配され
る二つの同盟への分割が、核兵器の拡散を相当に鈍化させた。なぜなら、ど
ちらの超大国も、核拡散は自らの同盟の支配を脅かすものとみなしたからで
ある。

　1968年の核不拡散条約。この条約により、核兵器撤廃が、最終的に世界の
ほとんどの国が共有する目的として確立された[15]。このことが、原子力プロ
グラムを持っていた多数の先進国において、核兵器に向けた動きを制する結
果をもたらした。ドイツ、イタリア、日本、スペイン、スウェーデン、スイ
スなどの国々である。この中には、核兵器開発プログラムが進行していたと
ころもあった。

3.2　「スマイリング・ブッダ（微笑む仏陀）」の警鐘

　プルトニウム増殖炉を世界経済の動力源にするというグレン・シーボーグ
をはじめとする世界の多くの人々が持ったビジョンが国際安全保障にとって
持つ脅威は、それがプルトニウムの分離を必要としているという事実から来
る。

　自分の情熱が核拡散面で持つ意味合いにシーボーグが無関心であったとい
うのは不思議である。彼は、中性子を照射したウランからプルトニウムを分
離する最初の方法を開発した経験を持っていた。1945年7月16日のニューメ
キシコにおける最初の核爆発実験、そして、それから1カ月もたたないうち
に長崎に投下された原爆で使われたプルトニウムを得るのに使われた方法で
ある。

　シーボーグの「プルトニウム経済」というビジョンは、大規模なプルトニ
ウム分離を前提としていた。原子炉の燃料の中でプルトニウムとともに生み
出される核分裂生成物から出る強烈なガンマ線のため、使用済み燃料の中に
入ったままのプルトニウムは簡単には取り出せない。分厚い遮蔽壁の陰から
遠隔操作機器を使うことによってのみ回収が可能である。分離されてしまっ

た後も、プルトニウムはやはり有害である。なぜなら、金属プルトニウムは空気中で燃え、その結果生じる酸化プルトニウムは吸入した場合に非常に危険だからである。プルトニウムは、崩壊の際、飛程の短いアルファ粒子（ヘリウムの原子核）を放出する。これは肺の中で、そして、血液によってプルトニウムが運ばれていった場合には他の臓器でガンを発生させ得る。

しかし、分離済みプルトニウムの放射線の危険性は簡単に避けることができる。窒素あるいはアルゴンを充填して封印した透明のプラスチック製「グローブ・ボックス」の中で金属プルトニウムを扱うのである。作業員は、箱（ボックス）の穴から、先端が手袋（グローブ）状になっている密閉された軟質プラスチック製の袖に腕を入れ、プルトニウムを化学的、物理的に処理することができる。作業員は、箱の透明の壁を通して自分がしていることを見ることができる——あたかも箱などなく、研究室の仕事台で作業をしているかのように。

分離済みプルトニウムを取り扱うグローブ・ボックスは小さく、作るのも使うのも簡単で、ほとんどいかなる建物内部のスペースにでも設置できる。したがって、プルトニウムが分離されてしまえば、極めて迅速に目立たない形で核兵器の構成要素に仕上げることができる。

グローブ・ボックス内でプルトニウムを使って核兵器の「ピット（芯）」を製造し、そのピットを酸化から守るために耐食性被膜で覆ってしまえば、同じ大きさの他の物と同じように簡単に運ぶことができる。

シーボーグがその官職を退任してからわずか数年後の1974年、インドがその最初の核爆発装置の実験を行った。その爆発装置の中に装填されていたプルトニウムを生産したインド最初の原子炉は、カナダのNRX炉のコピーで、この炉には米国が提供した重水が入っていた。このため炉はCIRUS（Canadian-Indian Reactor, US）（サイラス）と呼ばれた。この原子炉は、米国のドワイト・アイゼンハワー大統領が53年に国連で行った「アトムズ・フォー・ピース（平和のための原子力）」演説によって開始されたプログラムの下で提供されたものだった[16]。

CIRUS——2010年に閉鎖——は、重水減速で、天然ウランを原料としていたため、ウラン235で連鎖反応を維持するのに使われなかった中性子のほとんどは、ウラン238に吸収されてプルトニウムを作った。定格出力の熱出

力4万キロワット（40メガワット）で年間200日運転されれば、毎年、長崎原爆の中に入っていた約6キログラム以上を生産することができる。米国はまた、インドの増殖炉プログラム用にプルトニウムを分離する再処理工場のための訓練と設計援助を提供していた[17]。

インドの1974年の核実験は、5月18日、仏陀の誕生日に実施され、「スマイリング・ブッダ（微笑む仏陀）」というコードネームが付けられた。インドは、この核爆発装置を「平和利用核爆発装置」と呼んだ。米ソの核兵器研究所が、核実験禁止条約に反対する中で、港や運河の建設などに核爆発を使うというアイデアを持ち出していたことを利用してのことである。しかし、米国政府は、インドがなぜ核爆発装置の実験をしたがったかについて幻想を抱いてはいなかった。

米国にとって、その「平和のための原子力」プログラムが、インドの核兵器プログラムを促進したというのは、体面を損なう事態だった。ジェラルド・フォード大統領は、関係省庁による検討を要請した。すぐに、ほかに4カ国——当時、すべてが軍事政権下にあった——が再処理工場を取得しようとしていることが判明した。ブラジルはドイツから再処理工場を購入する契約を結んでいた。韓国とパキスタンがフランスから再処理工場を購入する契約を結んでいた。そして、台湾がベルギーとドイツから小さな再処理工場の建設に必要な機器類を得ようとしていた。

米国務省——当時はヘンリー・キッシンジャーが率いていた——は、これらの取引をキャンセルさせるために強力に介入した。これらの介入は、韓国、パキスタン、台湾に関しては成功した[18]。ドイツはブラジルとの取引をキャンセルしなかったが、この再処理工場も結局、ブラジルに引き渡されることにはならなかった[19]。

3.3　カーター政権による米国増殖炉プログラムの見直し

ジミー・カーター——米海軍の原子力艦船部門で核工学を学んだ——は、米国がインドの核兵器プログラムを促進したことを1976年の米国大統領選挙キャンペーンの外交政策争点の一つにした。

幾つかの疑わしい再処理プログラムを阻止する上でのフォード政権の成功

にもかかわらず、カーターは、米国自身が増殖炉プログラムを支えるために国内での再処理の商業化を進めながら、他国に対して再処理工場を取得しないようにと働きかける米国の政策を長期的に維持できるかどうかについて疑問を呈した。

　カーターが大統領に就任する頃には、米「原子力委員会 (AEC)」は、なくなっていた。AECは無謀なプロジェクトで敵を多く作りすぎていた。例えば、何千もの核爆発によって、深地下のシェール層に亀裂を作り、閉じ込められている天然ガスを放出するという1960年代の案である。これは、現在、水圧を使ってやられていることである[20]。1974年、ウォーターゲート後に改革主義的になっていた議会が、AECを「原子力規制委員会 (NRC)」と「エネルギー研究開発庁 (ERDA)」に分離することを決定した（1977年、ERDAは、「連邦エネルギー庁 (FEA)」と合併して「エネルギー省 (DOE)」となる）。ERDAが受け継いだものの一つが、AECの増殖炉開発プログラムだった。

　1977年の就任後間もなくカーターは、増殖炉が米国の将来のエネルギー供給にとって不可欠だとの主張について、見直しに着手した。カーター政権の見直しの一助とされたのが、米国の増殖炉プログラムについて様々な非政府グループが行っていた独立した立場からの批判だった。

- 「自然資源防護協議会 (NRDC)」——環境保護団体——が、1973年に獲得した連邦裁判所命令によって、AECは、環境評価報告を作成しなければならないことになっていた。それには、プルトニウム増殖プログラムを正当化するコスト・ベネフィット分析も含まれていた[21]。
- セオドア（テッド）・B・テイラー——元核兵器設計者——は、AECが2000年までに毎年米国のハイウェイを通って運ばれると予測していた何千トンもの分離済みプルトニウムのうちのわずか数キログラムがあれば、テロリスト・グループが長崎型原爆を製造してしまう可能性があるとの懸念を公けに表明していた[22]。
- プリンストン大学の物理学者のグループ——本書の著者の1人（フォン・ヒッペル）を含む——が、増殖炉プログラムを正当化するのにAECが使っていた成長予測に異を唱えていた（図3.1参照）[23]。
- 1977年3月、フォード財団が資金を提供したトップレベルの専門家グ

ループが増殖炉について極めて批判的な報告書を発表した。『原子力の課題と選択』と題されたこの報告書は、その資金提供団体とプロジェクトの運営組織の名前を取ってフォード＝マイター報告としても知られる[24]。

　カーター政権のホワイトハウスは、ERDAに対し、米国の増殖炉商業化プログラムについて見直しを実施するため外部の運営委員会を招集するよう指示した。運営委員会は、原子力利用電力会社の増殖炉支持者が多数を占め、議長は、オークリッジ国立研究所の副所長だった——同研究所に隣接して米国の増殖原型炉の建設が予定されていた。しかし、4人の批判派も含まれていた。トーマス・コクラン（「自然資源防護協議会（NRDC）」スタッフの物理学者）、ラッセル・トレイン前「環境保護庁（EPA）」長官、それに、プリンストン大学のフランク・フォンヒッペル及びロバート・ウイリアムズである。

　運営委員会は、最終的に、多数派報告と少数派報告を作成した。少数派報告——ホワイトハウスが多数派報告より説得力があると判断した報告——の主張は、より現実的な原子力発電の成長予測に従えば、低コストの天然ウランの供給量は、「ワンススルー」燃料サイクル——再処理をしないサイクル——の軽水炉を、少なくとも1世紀に亘って運転するのに十分だろうというものだった[26]。

　カーターは、NRCに対し、米国の増殖原型炉——クリンチリバー増殖炉——の建設作業を中断するよう要請した。さらに、サウスカロライナ州バーンウェルでほぼ完成していた大型商業用再処理工場——同州サバンナ・リバーの軍事用プルトニウム生産サイトに隣接——の運転を許可しないよう要請した。

　1981年にカーター政権にとって代わったレーガン政権は、外国での再処理の拡散に反対するには米国が自国での再処理を中止しなければならないとするカーター政権の見解を共有することはなかった。しかし、商業用核燃料サイクルに対して政府が助成金を提供するという政策も支持しなかった同政権は、米国の原子力利用電力会社に対し、政府はバーンウェル再処理工場の完成・運転を助成することはないと伝えた。その結果、電力会社は、再処理放棄を決め、議会を説得して1982年「核廃棄物政策法（NWPA）」を通過させた。同法は、連邦政府が使用済み燃料処分場を建設し、その資金は原子力発

図3.1　米 AEC による 1974 年米国の原子力発電容量の伸びの予測とその後の
　　　 実際の伸び

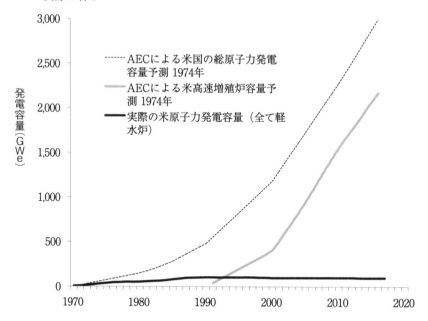

AECの予測がどれほど外れていたかを理解する手助けとなる一つの事実がこの図から読みとれる。
仮には2017年に500Gwe（5億kWe）の発電容量の原子力発電所が米国にあったとしよう。これら
が平均90%の設備利用率で運転されたとすると、その発電電力量は、この年に米国が全ての発電
所で発電した電力量と同じになってしまう。それほどの規模なのだ（著者ら、米国AEC[25]）。

電による電力に対する課徴金で賄うと定めた。その課徴金の当初設定額はキ
ロワット時当たり0.1セント（約0.1円）[27]という控え目なもので、2014年まで
そのレベルのままだった。この年、オバマ政権がヤッカ・マウンテン処分場
の建設を停止したため、課徴金も中断された[28]。
　コスト問題は、クリンチリバー増殖炉にもとどめを刺した。1982年までに
は、同炉の建設コスト見積もりは5倍に膨れ上がっていた。米エネルギー省
がコスト増のすべてを払うと建設契約が定めていた。そのため、元々は政府
と米電力会社のコンソーシアムとがコストを折半するはずだったのが、コス
ト増の結果、負担割合は90対10となった[29]。議会は1983年にこのプロジェ
クトをキャンセルするに至った[30]。

図3.2 発電電力量の伸び

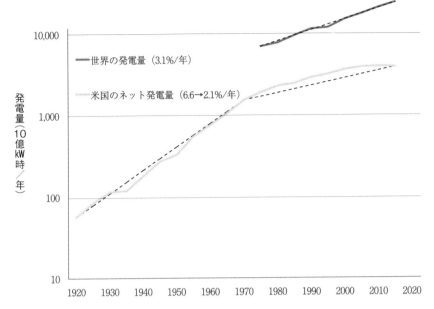

世界の発電量（3.1%/年）

米国のネット発電量（6.6→2.1%/年）

発電量（10億kW時／年）

1960年代から70年代初頭にかけて行われていた原子力の伸びの予測は、電力需要が経済よりもずっと急速に伸びるという想定に基づくものだった。実際は、この急速な伸びは1970年頃に終わった（著者ら、米国商務省、米国エネルギー省、国際エネルギー機関（IEA）[33]）。

　カーター政権は、1977〜80年に開かれた「国際核燃料サイクル評価（INFCE）」という国際的な場で再処理と増殖炉に反対するその主張を展開した――この期間、ウイーンに68カ国の専門家らが集まり、二つの全体会議と134の分科会会合が開かれた[31]。しかし、フランス、日本、ソ連は、すでに増殖実験炉を建設しており、ドイツ及びインドの原子力推進体制派も建設計画を持っていた。発電用原子炉を1基しか持っていないブラジルさえも、2000年までに20基の増殖炉を建設する計画だった[32]。

　これらの諸国をはじめ、INFCEに代表団を送った多くの国々の原子力推進体制派は、米国の主張に理解を示さなかった。INFCEについては第8章でさらに詳しく見る。

図 3.3　米国における電力の平均価格（米国 GDP デフレーターを使って 2017
　　　　年ドルに換算）

1970年まで、電力価格は、規模の経済の結果、急激に下がった。これが米国の電力消費の伸び
を促進する効果を持った。電力消費は、経済の成長率よりずっと急激に伸びていった。1970年代に
出された米国の原子力発電容量の伸びの予測は、暗黙裡に、この価格の低下が続くと想定してい
た。しかし、そうはならなかった（著者ら、米エネルギー省のデータ[34]）。

3.4　電力消費の伸びの鈍化と原子力の停滞

　40年以内に何千基もの高速増殖炉が運転されるようになるというシーボー
グの「プルトニウム経済」ビジョンは、電力需要の急速な伸びの継続がさら
に急速な原子力発電容量の伸びを必要とするとの想定に基づくものだった。
　しかし、1970年以降、原子力発電の伸び率は、劇的に鈍化し、シーボーグ
が予測したウランの供給危機は現実のものとはならなかった。これには、二
つの理由があった。

　1　電力消費の伸び率が劇的に鈍化し、すべてのタイプの発電容量追加の
　　必要が減った（図3.2)。
　2　原子力は主要な電力源になり損ねた。

図3.4 世界の発電量に占める原子力のシェアー

1986年のチェルノブイリ事故当時に建設中だった原子炉のほとんどが完成した2000年以降、原子力のシェアーは下降を始めた。その後は、原子炉閉鎖数が、発電開始数を相殺した。一方、他の電力源による発電量は増え続けた（著者ら、世界銀行、IAEA[38]）。

電力消費の伸びの鈍化　1920年から70年まで、米国における発電量はほぼ10年に2倍（年間6.6パーセント）の割合で伸びた。経済の成長率の2倍の速さである。この1970年以前の伸びの最も重要な原動力は、電力会社による規模の経済の実現の結果、電力の実質価格が下がっていたという事実である（図3.3参照）。しかし、1970年を過ぎると、劇的な価格低下は終わった――一つの原因は、原子力発電所の資本費用の高さである。そのため、発電量の倍増期間は、約10年から約30年に延び、年間伸び率は2.1パーセントとなった。

1970年代に米国の電力会社と米AECが想定していたように発電量の伸び率が1970年以前のまま続いていれば、米国の発電量は2015年には、実際の量の8倍となっていたことになる。1975年以来の世界の発電量の伸び率は、米国の伸び率と比べ、1パーセント・ポイントほど高くなっている（図3.2）。発展途上国、特に中国の急速な伸びのためである。しかし、これも、1970年以降、劇的に鈍化した。理由は同じく、急速な価格低下が終わったことである。

原子力発電の停滞　風力や太陽光発電による電力のコストは、時とともに

図 3.5　米国の電力会社が払った平均ウラン価格（2017 年ドル）

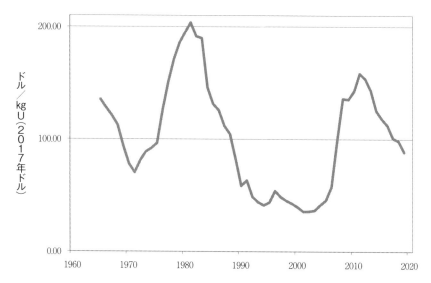

価格上昇の時期は、原子力発電容量の伸びの期待を反映している。期待は米国のスリーマイル島原発の事故、そして、2011 年の日本の福第一原発の事故の後、打ち砕かれた（著者ら、米国エネルギー省[39]）。

劇的に下がっていった――「学習曲線」効果の一例――が、その一方で、新設の原子力発電所のコストは、一般的なインフレより相当急速に上昇している。このことが最初に気づかれたのは米国においてで、1981 年のことだった[35]。続いてフランス、世界で 2 番目の数の発電用原子炉を持つ国においてである[36]。

　コストの上昇は、一つには、原子力の規制がだんだんと厳格になってきているためである。これをもたらしたのは、1970 年代に多くの国々で生じた原子力建設反対住民運動の圧力、そして、原子力発電所における一連の劇的な事故である。1979 年の米国のスリーマイル島（TMI）原発、1986 年のソ連のチェルノブイリ原発、そして、2011 年の日本の福島第一原発の事故である。

　これらの事故は、原子力が危険な隣人であるとのイメージを強化し、安全性強化を要求する圧力を維持することになった。

　近年、原子力発電所のコストの上昇に加えて、状況をさらに悪化させているのが、ほとんどの国々で建設数が少なくなっていることから来る建設専門能力の喪失である。この点で最も顕著な例外は中国である[37]。

図3.6　4カ国における増殖原型炉のタイムライン

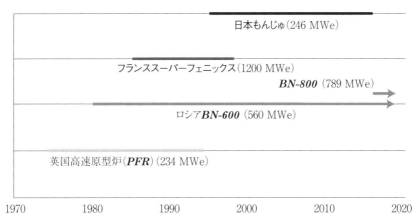

ロシアの送電網に繋がれたBN600は、相当の稼働率を達成しているという意味で技術的な成功を収めている。2015年、ロシアの第2の原型炉BN800が加わったが、どちらも軽水炉との経済的な競争力という点では失敗している。インドは、電気出力1万キロワット（0.01 GWe）の高速増殖実験炉に続いて、電気出力47万キロワット（0.470GWe）の高速増殖原型炉（PFBR）を建設した。しかし、2019年末現在、PFBRは、運転開始に至っていない。2016年12月、日本は、継続的な運転を達成しようと20年以上に亘って試みた末、その高速増殖原型炉もんじゅの放棄を決定した（著者ら、IPFM[43]）。

　コスト上昇とチェルノブイリ事故後の市民の反対の声のため、新しい発電用原子炉の建設開始数は、1990年代に激減した。同時期、他のタイプの発電容量——とりわけ、天然ガス、風力、太陽光発電——は増えていった。その結果、世界の発電量に占める原子力の割合は、1990年代のピーク時の17パーセントから2018年の10パーセントへと低下した（図3.4）。

　ウランの価格は周期的に変動したが、物価上昇を考慮した実質価格のトレンドは上向きではない。1979年のスリーマイル島原発及び2011年の福島第一原発の事故の前にそれぞれピークがあった。原子力発電容量の伸びについての期待が高かった時期である（図3.5）。新しい原子力発電所の実質資本コストが上昇するなか、天然ウランのコストに帰属する原子力コストの割合は下がり続けている。このため、多額の費用をかけて使用済み燃料の中にあるプルトニウムを取り出してリサイクルする経済的インセンティブがさらに下がった。その結果、相対的資本コストがさらに高い増殖炉の経済的成功の可

能性は消えていった。

3.5　消えゆく増殖炉の夢

「国際核燃料サイクル評価（INFCE)」以後、増殖炉開発プログラムを持つ
ほとんどの国は、これを放棄したか、紙の上での研究においてのみ生き続け
させている。図3. 6は、増殖炉開発へのコミットメントを最も強力に維持し
た4カ国（英・ロ・仏・日）における最大容量の原型炉[40]のタイムラインを示
している。

　ドイツは、増殖原型炉SNR-300を完成させたが、約60億ドル（2017年ドル
換算）（約6600億円）相当を費やしながら運転に至ることなく、1991年にこの
炉を放棄した。安全性に関する懸念のためである[41]。運転をまったくしてい
なかったので、同施設は放射能で汚染されておらず、オランダの実業家が数

図3.7　遊園地に改造された増殖炉

60億ドル（約6600億円）の費用をかけながら運転されることなく終わったドイツの増殖炉SNR-300は、
現在は遊園地となっている。後方の建物には原子炉容器が収納されているが、炉心が装荷されるこ
とはなかった。手前の建造物は冷却塔だが、現在は、内側には回転ブランコが、外側にはクライミ
ング・ウォールが取り付けられている（Alamy[44]）。

百万ドル（数億円）で購入して遊園地に改造した（図3.7）[42]。

　増殖炉を運転した他の国々は、ロシアを除き、すべて、断続的な運転しか達成できていない。水や空気に触れると発火するというナトリウム冷却材に関連した問題に悩まされてのことである。各国のプログラムは、それぞれ、ハイマン・リッコーバー提督（米国原子力潜水艦の加圧水型炉開発者）が、1956年に彼の2隻目の原子力潜水艦シーウルフにナトリウム冷却炉を設置した後に学んだことを学ぶことになる。ナトリウム冷却炉は「建設が難しく、運転が複雑で、わずかな故障によっても長期の運転停止になりやすく、そして、修理は困難で時間がかかる[45]」。リッコーバーは、結局、シーウルフのナトリウム冷却炉を軽水炉に取り替えることになった[46]。

　ナトリウム問題の影響は、送電線に繋がれた増殖炉の「生涯設備利用率」に見ることができる。「設備利用率（capacity factor）」——「国際原子力機関（IAEA）」はload factorと呼ぶ——は、発電所が実際に生み出した電力を、その発電所がその商業的生涯全体に亘って最大容量で運転された場合に生み出したであろう電力量で除した値である。

　設備利用率が小さい場合、その原子炉の資本コストは、小さな発電量（キロワット時）に課せられる料金によって支払わなければならなくなる。例えば、100万キロワット（1ギガワット（GWe））の発電容量の原子炉の建設コストが50億ドル（約5500億円）で、毎年これにかかる費用が資本・税・利子を合わせて10パーセントだとすると、毎年の資本費用は約5億ドルとなる。世界的に見て、軽水炉——増殖炉の競争相手——の設備利用率は平均約80パーセントである[47]。このような設備利用率だと、上記の仮想の100万キロワットの原子炉は、年間約70億キロワット時（kWh）の電力を生み出すから、資本費用は約0.07ドル/kWh［5億ドル/70億kWh］となる。設備利用率が20パーセントだと、kWh当たりの資本費用は4倍の約0.28ドル/kWhとなる。

　したがって、経済的競争力を持つ電力源としての信頼性という点から見て、英国の高速原型炉（1974 ～ 90年）、フランスのスーパーフェニックス炉（1985 ～ 98年）、日本のもんじゅ（1995 ～ 2017年）の生涯設備利用率が、それぞれ、8、3、0パーセントだったのは壊滅的と言える（表3.1）。

　ロシアとインドの原子力推進体制派は、増殖炉の商業化を追求し続けている。ロシアでは増殖炉BN-600——発電容量56万キロワット（560MWe）——

表 3.1　13 基の送電線網接続増殖原型炉

送電線接続の増殖炉（国名）	出力（MWe）	運転期間	生涯設備利用率（%）
ドーンレー高速炉（DFR）（英国）	11	1962-77	35
フェルミ1号（米国）	61	1966-72	0.9
フェニックス（フランス）	130	1973-2010	40
高速原型炉（PFR）（英国）	234	1976-94	18
KNK II（ドイツ）	17	1978-91	17
BN-600（ロシア）	560	1980-	76
クリンチリバー増殖炉（CRBR）（米国）	350	キャンセル 1983	—
スーパーフェニックス（フランス）	1200	1986-98	3
SNR-300（ドイツ）	300	運転せず 1991	—
もんじゅ（日本）	246	1995-2017	0
BN-800（ロシア）	789	2015-	68（2016-19）
中国高速実験炉（CEFR）	20	2011-	0.002（2011-16）
高速増殖原型炉（PFBR）（インド）	470	建設開始 2004	—
中国高速炉（CFR-600）	642	建設開始 2017	

13 基のうち、2 基は運転されずに終わった。2 基は、2018 年現在未完成だった。1 基が 2015 年に運転を開始した。軽水炉の世界的平均の 80 パーセントに匹敵する設備利用率で運転されているのはロシアの炉だけである[50]。本書では、発電機の出力（発電端出力＝グロス出力）ではなく、所内での使用分などを差し引いたた送電端出力（ネット出力）を記載。

が 1980 年に、BN-800 が 2015 年に、それぞれ運転を開始した。BN-600 は、最初の 10 年間に 14 回のナトリウム火災に見舞われたが、運転者らはこれらの火災を、運転停止期間を最小限にとどめるために迅速に封じ込めて対処すべき通常の問題として扱った[48]。BN-600 はやがて、送電線接続の増殖炉として最も信頼性のあるものとなり、2017 年末現在の累積設備利用率は 76 パーセントとなった。しかし、BN-600 の燃料はプルトニウムではなく、17 〜 26 パーセント濃縮ウランである。つまり、増殖炉としては運転されていないのである。高速中性子炉で核分裂を起こした場合でも、ウラン 235 は 1 回の分裂当たり 1 個より多くのプルトニウム原子を生み出すのに十分な中性子を放出することはできない。部分的に MOX 燃料を装荷している BN-800 は、2016 〜 19 年に累積設備利用率 68 パーセントを達成した。

　設備利用率はそれなりのものであるにもかかわらず、ロシアの送電線網接続増殖炉のどちらも、通常の軽水炉に対して経済的競争力を持つものではない。2018 年 8 月、政府所有の原子力発電会社ロスエネルゴアトムは、政府の財政援助の減少を受けて、高出力の増殖炉 BN-1200 を建設するかどうかの決

定を2021年まで延期し、決定は厳密に経済性に基づいて行うと強調した。そして、その後、建設決定がなされるとしても、運転開始予定は2036年以降に延期されることになるだろうと報じられた[49]。

インドのエネルギー省は、2004年に電気出力47万キロワット（470MWe）の高速増殖原型炉（PFBR）の建設を開始した。完成予定は2010年だった。2018年、原子力省（DAE）のセカール・バス長官は、PFBRは2019年に臨界を達成するとし、2030年までにさらに20基の増殖炉を建設する計画は予定通り進んでいると宣言した[51]。これまで、原子力省はその増殖炉プログラムに遅れが生じるたびに、同じ成長予測を将来にずらすという対応を繰り返してきた[52]。しかし、増殖炉建設を助成する資金には限りがあり、インドは、ロシアと同じく、経済性が実証できるまでは、どの時点をとっても、1基の増殖原型炉を建設中というのが精いっぱいだろう。

中国核工業集団公司（CNNC）は、2010年に電気出力2万キロワット（0.02GWe）の中国高速実験炉（CEFR）を完成させ、2017年に電気出力64.2万キロワット（642MWe）の中国高速炉（CFR-600）と中規模の再処理工場（200トン／年）の建設を始めた[53]。CNNCはまた、フランスから本格的な再処理工場——日本の六ヶ所再処理工場に似たもの——を購入することを計画している。しかし、フランスの再処理技術とロシアの増殖炉技術を取得しようとのCNNCの試みは、価格に関するせめぎ合いと住民の反対運動によって遅れ続けている。2016年、江蘇省の海岸地帯の連雲港市の住民の抗議行動の結果、フランスの再処理工場を同地に建設しないとの決定がなされた[54]。

3.6 失敗に終わった増殖炉の夢が残したもの

第4章でみるように、失敗に終わった増殖炉の夢が残したものとして、大量の分離済みプルトニウム、英仏における高速増殖原型炉放棄後の長年に亘る再処理の継続、日本における六ヶ所再処理工場完成・運転開始に向けた動き——もんじゅ高速増殖原型炉放棄の決定の後でさえ続いている——などがある。2020年末現在、六ヶ所再処理工場建設計画は予定より約4半世紀遅れたままである。

もう一つの負の遺産は、いくつかの国々で増殖炉プログラムの開始につ

いての関心が続いていることである。中国についてはすでに触れた。中国はすでに核兵器プログラムを持っているから、核兵器プログラムの隠れ蓑として増殖炉プログラムを使っていると疑うことはできない。中国の状況は、ロシアやインドの場合に近いと私たちは見ている。中国の原子力推進体制派は、増殖炉研究開発（R＆D）プログラムの資金を得続けるのに十分なコネが政府の高い地位の人々との間にあるということだろう。

　再処理の継続に関心を持っている非核兵器国の方が、隠された意図についての疑念は大きくなる。日本政府が電力消費者らに対し、無意味な再処理プログラムに毎年何千億円もつぎ込ませているのがなぜなのかという疑問が生じるが、他意がないとすると、この政策の意図は理解しがたい。一方、核兵器オプションを維持するためだけに、毎年長崎型核兵器1000発分ものプルトニウムを分離する能力を持つ再処理工場を持とうとしているとすると、その理由も説明しがたい。インドが示して見せたように、ずっと小規模でコストも小さな研究開発プログラムで十分である。

　今日、再処理に関心を持っている他の唯一の非核兵器国は韓国である。この関心の原動力となっているのは、「韓国原子力研究所（KAERI）」の技術者たちで、発端は1974年のインドによる核実験の後、フォード政権が阻止した核兵器プログラムに遡る。KAERIは、再処理及び研究プログラムに関心を持ち続け、その研究プログラムは、韓国の主要安全保障パートナーである米国の許容限界まで到達した。2004年、KAERIは、IAEAに対し、1980年代初期に研究室規模の再処理実験を行ったと認めた。韓国政府は、KAERIによるこれらの実験やウラン濃縮関連の小規模の実験は、「政府の知らないまま許可を得ることなく実施された」と釈明した[55]。

　2008年以来、KAERIは、パイロプロセシング（熱処理＝乾式再処理）という再処理の一種に焦点を当てている。増殖炉の燃料としてプルトニウムをリサイクルするために米国アルゴンヌ国立研究所が開発したこのパイロプロセシングにおいては、使用済み燃料は酸ではなく、高温の溶融塩の中で溶かす。そして、プルトニウムは、塩から電解抽出する。電流を使ってプルトニウムを電極に付着させる方法である。

　標準的な再処理で分離されたプルトニウムと違い、パイロプロセシングで分離されたプルトニウムには、ウラン、ネプツニウム、アメリシウム、キュ

リウム、それに一部の核分裂生成物が混ざっている。その中で核不拡散の面で最も重要なのは強いガンマ線の放出をもたらし、プルトニウムの取り扱いを難しくするセリウム144である。しかし、その半減期はわずか0.8年で、つまりは使用済み燃料を炉から取り出して10年もすると崩壊してしまっていることになる。

　2001年、米国エネルギー省のアルゴンヌ国立研究所のユンイル・チャン工学研究担当副所長が、パイロプロセシングを使えば米国の使用済み燃料問題を解決できるかもしれないと、ディック・チェイニー副大統領の国家エネルギー政策策定グループを説得した。チャンはまた、パイロプロセシングは「核拡散抵抗性」を有し、したがって、他国に提供することもできると同グループを説得した。純粋なプルトニウムを分離しないからというのがその理由である。チェイニーはこれに基づき、チャンの主張について他の専門家による評価をすることもなく、オルゴンヌ研究所に対し、パイロプロセシングの研究開発でKAERIと協力することを許可した。ブッシュ＝チェイニー政権の末期になって初めて、パイロプロセシングの核拡散面に関して、アルゴンヌ研究所を含む六つの国立研究所の専門家からなる委員会による独立の評価が開始された。2009年、チェイニーが退任した後、国立研究所合同委員会はパイロプロセシングに関する評価を発表した。評価の結論は、「既存のピューレックス技術と比べた場合の核拡散リスク低減面での改善はわずかであり、そして、それらのわずかな改善は主として非国家アクターに関するもの」[56]ということだった（世界的に民生用プログラムで使われている標準的な再処理方法であるピューレックス――PUREX = Plutonium Uranium Redox Extraction = プルトニウム・ウラン溶媒抽出法――は、元々、米国が核兵器用にプルトニウムを分離するために開発したものである[57]）。

　それにもかかわらず、KAERIとチャンは、パイロプロセシングは「核拡散抵抗性」を持つと主張し続けた[58]。2018年現在、チャンは二つのプロジェクトの責任者となっている。一つは、ナトリウム冷却高速中性子炉のアルゴンヌ＝KAERI共同研究プロジェクト、もう一つは、バージニア州に本拠を置く――地域的問題にしか関心を持ったことがない――財団の資金提供によるパイロプロセシング・プラント設計プロジェクトである[59]。

　パイロプロセシングは、1974年米韓原子力協力協定（2014年に期限切れを迎

えることになっていた）に代わる新協定の交渉過程で、主な争点となった。韓国の再処理推進派は、1988年日米協定が日本に再処理を許可している一方で韓国が再処理できないというのは受け入れがたい、と主張した。キャンペーンのスローガンは、「核主権」だった[60]。結局、米韓両国が論争を解決することができなかったため、元の協定が2年間延長されることになった。しかし、2年経っても、合意できたのは「使用済み燃料の管理と処分技術の技術的、経済的、及び核不拡散（保障措置を含む）面について検討するための共同研究[61]」（10年間の期限付き）だけだった。この共同研究期間中、実際にプルトニウムの分離にかかわる共同実験は、米国でしか許されない。しかし、研究期間の終了予定の2021年、韓国は再度、韓国におけるパイロプロセシングを認めるよう米国に要請することができる[62]。

　一方、次章で論じるように、高速増殖炉の開発を放棄したすべての国においてプルトニウム分離が中止となったわけではない。

原注

1　UN General Assembly, "Establishment of a Commission to Deal with the Problems Raised by the Discovery of Atomic Energy," 1946, http://www.un.org/en/ga/search/view_doc.asp?symbol=A/RES/1（I）.
　　カナダは、国連安全保障理事会の理事国でなかった期間も、国連原子力委員会のメンバー国の地位にとどまった。

2　Bernard Baruch, "Speech before the First Session of the United Nations Atomic Energy Commission"（speech at Hunter College, New York, 14 June 1946）, http://www.plosin.com/BeatBegins/archive/BaruchPlan.htm.

3　David E. Lilienthal et al. "A Report on the International Control of Atomic Energy," US State Department, 1946, http://fissilematerials.org/library/ach46.pdf.

4　アチソン・リリエンソール報告の最も重要な技術的誤りは、核兵器用のプルトニウムを「変性（denature）」させて核兵器に使えなくすることができるかもしれないと考えたことである。これは、低濃縮ウラン中のウラン238が核分裂性のウラン235を「変性」させるように、核兵器用プルトニウムに非核分裂性同位体を混ぜて薄めてしまえばいいというものである。しかし、最新型の核兵器の設計では、どのような同位体組成のプルトニウムでも核爆発を起こさせることができる。Lilienthal et al. "A Report on the International Control of Atomic Energy"; and US Department of Energy, *Nonproliferation and Arms Control Assessment of Weapons-Usable Fissile Material Storage and Excess Plutonium Disposition Alternatives*, DOE/NN-0007, 1997, 37–39, https://digital.library.unt.edu/ark:/67531/metadc674794/m²/1/high_res_d/425259.pdf.

5　"Third Report of the Atomic Energy Commission to the Security Council," *International Organization* 2（1948）: 564–567. See also Bertrand Goldschmidt, "A Forerunner of the NPT? The Soviet Proposals of 1947," *IAEA Bulletin*, 28（Spring 1986）, 58–64.

6　Hans M. Kristensen and Robert S. Norris, "Global Nuclear Weapons Inventories, 1945–2013," *Bulletin of the Atomic Scientists* 69, no. 5（2013）, 75–81, https://www.tandfonline.com/doi/pdf/10.1177/0096340213501363?needAccess=true.

7　O.R. Frisch and R. Peierls, "On the Construction of a 'Super-Bomb' Based on a Nuclear Chain Reaction in Uranium," March 1940, http://www.atomicarchive.com/Docs/Begin/FrischPeierls.shtml.

8　Franklin D. Roosevelt and Winston S. Churchill, "Articles of Agreement Governing Collaboration Between the Authorities of the U.S.A. and the U.K. in the Matter of Tube Alloys"（Quebec Agreement）, 19 August 1943, http://www.atomicarchive.com/Docs/ManhattanProject/Quebec.shtml ; Franklin D. Roosevelt and Winston S. Churchill, "Aide-Mémoire Initialed by President Roosevelt and Prime Minister Churchill," 19 September 1944, https://history. state.gov/historicaldocuments/frus1944Quebec/d299.

9　Bertrand Goldschmidt, *Atomic Rivals*（New Brunswick, NJ: Rutgers University Press, 1990）, 338–347.

10　John F. Kennedy, Press Conference, 21 March 1963, *Public Papers of the Presidents of the United States, John F. Kennedy: 1963*, University of Michigan Digital Library, 273-282, https://quod.lib.umich. edu/p/ppotpus/4730928.1963.001/336?rgn=full+text;view=image.

11　1949年、中国共産党軍が国民党政府軍を破り、後者は台湾に逃れた。 H.W. Brands, Jr. "Testing Massive Retaliation: Credibility and Crisis Management in the Taiwan Strait," International Security 12, no. 4（1988）: 124–151, https://www.jstor.org/stable/2538997?seq=1#metadata_info_tab_contents.

12　Rose McDermott, *Risk-Taking in International Politics: Prospect Theory in American Foreign Policy*（Ann Arbor: University of Michigan Press, 1998）, 135–164, https://www.press.umich.edu/pdf/0472108670-06.pdf.

13　イスラエルが1979年に南アフリカ沖で秘密の核実験を行ったことを示唆する相当量の状況証拠がある。以下を参照。Lars-Erik De Geer and Christopher M. Wright, "The 22 September 1979 Vela Incident: Radionuclide and Hydroacoustic Evidence for a Nuclear Explosion," *Science & Global Security* 26, no. 2（2018）: 20–54, http://scienceandglobalsecurity.org/archive/sgs26degeer.pdf.

14　Avner Cohen, *Israel and the Bomb*（New York: Columbia University Press, 1998）.

15　2018年現在、核不拡散条約（NPT）締約国は191カ国である。 "Status of the Treaty," United Nations Office for Disarmament Affairs, http://disarmament.un.org/treaties/t/npt.　核兵器を保有する9カ国のうち、4カ国はNPT非締約故国である。インド、イスラエル、北朝鮮、パキスタン。

16　George Perkovich, *India's Nuclear Bomb*（Berkeley, CA: University of California Press, 1999）.

17　*Plutonium Separation in Nuclear Power Programs: Status, Problems, and Prospects of Civilian Reprocessing Around the World*, International Panel on Fissile Materials, 2015, 52, http://fissilematerials.org/library/rr14.pdf.

18　10年後、パキスタンは、ウラン濃縮というもう一つのルートから、核兵器を取得することになる。オランダ・ドイツ・英国所有の国際共同企業体ウレンコ社がオランダに持つ工場でA・Q・カーンが秘密裏に入手した遠心分離技術を使ったものである。"Pakistan Nuclear Milestones, 1955-2009," Wisconsin Project on Nuclear Arms Control, http://www.wisconsinproject.org/pakistan-nuclear-milestones-1955-2009/.台湾の核兵器計画を中止させようとした米国の努力（最終的に成功）の歴史については次を参照。 David Albright and Andrea Stricker,

Taiwan's Former Nuclear Weapons Program: Nuclear Weapons On-Demand（Washington, DC: Institute for Science and International Security, 2018）, https://www.isis-online.org/ books/detail/taiwans-former-nuclear-weapons-program-nuclear-weapons-on-demand/15.

19　Joseph Cirincione, "A Brief History of the Brazilian Nuclear Program," Carnegie Endowment for International Peace, 2004, http://carnegieendowment.org/2004/08/18/ brief-history-of-brazilian-nuclear-program-pub-15688；José Goldemberg, "Looking Back: Lessons From the Denuclearization of Brazil and Argentina," *Arms Control Today*, April 2006, , https://www.armscontrol.org/act/2006_04/LookingBack.

20　Peter Metzger, "Project Gasbuggy and Catch-85," *New York Times Magazine*, 22 February 1970, 26–27, 79–82.

21　*Scientists' Institute for Public Information, Inc. v. Atomic Energy Commission* et al. 481 F.2d 1079（D.C. Cir. 1973）, http://law. justia.com/cases/federal/appellate-courts/ F2/481/1079/292744/.

22　Mason Willrich and Theodore B. Taylor, *Nuclear Theft: Risks and Safeguards*（Ballinger, 1974）；John McPhee, *The Curve of Binding Energy: A Journey into the Awesome and Alarming World of Theodore B. Taylor*（New York: Farrar, Straus and Giroux, 1974）.

23　Harold A. Feiveson, Theodore B. Taylor, Frank von Hippel, and Robert H. Williams, "The Plutonium Economy: Why We Should Wait and Why We Can Wait," *Bulletin of the Atomic Scientists* 32, no. 10（December 1976）, 10–14, https://doi.org/10.1080/00963402.197 6.11455664.

24　Spurgeon M. Keeny Jr. et al. *Nuclear Power Issues and Choices: Report of the Nuclear Energy Policy Study Group*,（Ballinger, 1977）.（米核エネルギー政策研究グループ［赤木昭夫訳］『原子力をどうするか――その課題と選択』パシフィカ、1978年）

25　US Atomic Energy Commission, *Proposed Final Environmental Statement: Liquid Metal Fast Breeder Reactor Program*, 1974, Fig. 11.2–27；US Energy Information Administration, Monthly Energy Review, December 2018, Table 8.1, https://www.eia.gov/ totalenergy/data/monthly/pdf/mer.pdf.

26　これらの議論は、後に、ERDAの見直しについての説明とともに発表された。Harold A. Feiveson, Frank von Hippel, and Robert H. Williams, "Fission Power: An Evolutionary Strategy," *Science*, 203, issue 4378（26 January 1979）, 330–337；Frank von Hippel, "The Emperor's New Clothes, 1981," *Physics Today* 34, no. 7（July 1981）34–41.次の書籍で再録・アップデートされた。Frank von Hippel, *Citizen Scientist*（New York: Simon and Schuster, 1991）.

27　"Nuclear Waste Policy Act of 1982, as Amended," Office of Civilian Radioactive Waste Management, US Department of Energy, 2004, section 302, https://www.energy.gov/ downloads/nuclear-waste-policy-act.

28　Hannah Northey, "U.S. Ends Fee Collections with $31B on Hand and No Disposal Option in Sight," *E&E News*, 16 May 2014, https://www.eenews.net/stories/1059999730.

29　US General Accounting Office, "Interim Report on GAO's Review of the Total Cost Estimate for the Clinch River Breeder Reactor Project," EMD-82-131, 23 September 1982, https://www.gao.gov/assets/210/205719.pdf；US Congressional Budget Office, "Comparative Analysis of Alternative Financing Plans for the Clinch River Breeder Reactor Project," Staff Working Paper, 20 September 1983, https://www.cbo.gov/sites/ default/files/cbofiles/ftpdocs/50xx/doc5071/doc22a.pdf.

30　James E. Katz, "The Uses of Scientific Evidence in Congressional Policymaking: The

Clinch River Breeder Reactor," *Science, Technology, & Human Values* 9, no. 1（Winter 1984）: 51–62, https://www.jstor.org/stable/688992.

31　R. Skjöldebrand, "The International Nuclear Fuel Cycle Evaluation-INFCE," *IAEA Bulletin* 22, no. 2（1980）, 30–33, https://www.iaea.org/sites/default/files/22204883033.pdf.

32　INFCEの会議のブラジル代表から著者の1人のフォンヒッペルへの個人的伝達。当時、フォンヒッペルは、INFCEの作業グループの一つにおける米国代表だった。

33　US Bureau of the Census, *Historical Statistics of the United States: Colonial Times to 1970*（Washington, DC: US Department of Commerce, 1975）, 820, https://www.census.gov/library/publications/1975/compendia/hist_stats_colonial-1970.html US Energy Information Administration, Monthly Energy Review, February 2019, Table 7.1, https://www.eia.gov/totalenergy/data/monthly/pdf/mer.pdf ; International Energy Agency, "Key World Energy Statistics: 2017," 30, https://www.iea.org/publications/freepublications/publication/KeyWorld2017.pdf.

34　US Bureau of the Census, *Historical Statistics*, 827 ; US Energy Information Administration, *Annual Energy Review 2011*, US Department of Energy, 2012, Table 8.1, DOE/EIA-0384（2011）, https://www.eia. gov/totalenergy/data/annual/showtext. php?t=ptb0810 ; US Energy Information Administration, Electric Power Monthly, Table 5.3, https://www.eia.gov/electricity/monthly/epm_table_grapher.php?t=epmt_5_3.

35　Charles Komanoff, *Power Plant Cost Escalation: Nuclear and Coal Capital Costs, Regulation and Economics*（New York: Komanoff Energy Associates, 1981）.

36　Arnulf Grubler, "The Costs of the French Nuclear Scale-Up: A Case of Negative Learning by Doing," *Energy Policy* 38, no. 9（September 2010）: 5174–5188 ; Jessica R. Lovering, Arthur Yip, and Ted Nordhaus, "Historical Construction Costs of Global Nuclear Power Reactors," *Energy Policy* 91（April 2016）: 371–382, https://ac.els-cdn.com/S0301421516300106/1-s2.0-S0301421516300106-main.pdf?_tid=7c8ce57f-ffd8-4fca-9295-00a56bdfc0f3&acdnat=1547740389_537aeb40a807a5d5c73decf74bd99adf.

37　International Atomic Energy Agency, "PRIS（Power Reactor Information System）: The Database on Nuclear Power Reactors," https://pris.iaea.org/PRIS/home.aspx.

38　World Bank, "Electricity Production from Nuclear Sources（% of total）," https://data.worldbank.org/indicator/EG.ELC.NUCL.ZS?end=2015&start=1960&view=chart ; International Atomic Energy Agency, *Energy, Electricity and Nuclear Power Estimates for the Period up to 2050, 2016 Edition*（Vienna: International Atomic Energy Agency, 2016）, Table 1, https://www-pub.iaea.org/MTCD/Publications/PDF/RDS-1-36Web-28008110.pdf ; International Atomic Energy Agency, *Energy, Electricity and Nuclear Power Estimates for the Period up to 2050, 2017 Edition*（Vienna: International Atomic Energy Agency, 2017）, Table 1, https://www-pub.iaea.org/books/iaeabooks/12266/Energy-Electricity-and-Nuclear-Power-Estimates-for-the-Period-up-to-2050.

39　US Bureau of the Census, *Statistical Abstract of the United States: 1975*（Washington, DC: US Department of Commerce, 1975）, Table 905 ; US Bureau of the Census, *Statistical Abstract of the United States: 1991*（Washington, DC: US Department of Commerce, 1991）, Table 981 ; Energy Information Administration, *Uranium Annual Report, 2017*, https://www.eia.gov/uranium/marketing/pdf/umartableS1bfigureS2.pdf.

40　いくつかのケースでは、増殖原型炉は最初、この技術が電力会社による採用の準備が整ったことを示す「実証炉」と喧伝されたが、軽水炉との商業的競争力を持つことを実証するのに成功したものはない。従って、我々は、これらをすべて原型炉と呼ぶ。

41 1983年における完成までのコスト推定額は65億ドイツ・マルクだった——米国国内総生産（GDP）デフレーターを使うと、2017年ドル換算で約60億ドル（約6600億円）。Willy Marth, *The SNR-300 Fast Breeder in the Ups and Downs of Its History* (Karlsruhe Nuclear Research Institute, 1994), 102, https://publikationen.bibliothek.kit. edu/270037170/3813531.

42 テーマ・パークの説明は、次を参照。"About Wunderland Kalkar," https://www. wunderlandkalkar.eu/en/about-wunderland-kalkar. 購入価格については次を参照。 "Kalkar's Sodium-Cooled Fast Breeder Reactor Prototype, a Bad Joke," *Environmental Justice Atlas*, https://ejatlas.org/conflict/kalkar-a-bad-joke-germany.

43 Thomas B. Cochran et al. *Fast Breeder Reactor Programs: History and Status*, International Panel on Fissile Materials, 2010, Table 1.1, http://fissilematerials. org/library/rr08.pdf；International Panel on Fissile Materials, "Japan Decides to Decommission the Monju Reactor," *IPFM Blog*, 21 December 2016, http://fissilematerials. org/blog/2016/12/japan_decides_to_decommis.html；Masa Takubo, "Closing Japan's Monju Fast Breeder Reactor: The Possible Implications," *Bulletin of the Atomic Scientists* 73, no. 3 (2017), 182–87, https://www.tandfonline.com/doi/full/10.1080/00963402.2017.1315 040.

44 "Wunderland Kalkar, Amusement Park, a Former Nuclear Power Plant Kalkar am Rhein, Core Water Wonderland Painted Cooling Tower, Kalkar am Rhein, Kalkar," Image ID: KFTY49, https://www.alamy.com/stock-image-wunderland-kalkar-amusement-park-a-former-nuclear-power-plant-kalkar-164661289.html.

45 Richard G. Hewlett and Francis Duncan, *Nuclear Navy: 1946–1962* (Chicago: University of Chicago Press, 1974), 274.

46 "USS *Seawolf* (SSN-575)," Wikipedia, https://en.wikipedia.org/wiki/USS_Seawolf_(SSN-575).

47 "Load Factor Trend," International Atomic Energy Agency, "PRIS," https://pris.iaea.org/ PRIS/WorldStatistics/WorldTrendinAverageLoadFactor.aspx.

48 Yu. K. Buksha et al. "Operation Experience of the BN-600 Fast Reactor," *Nuclear Engineering and Design* 173, no. 1–3 (1997), 67–79, https://doi.org/10.1016/S0029-5493 (97) 00097-6.

49 Anatoli Diakov and Pavel Podvig, "Construction of Russia's BN-1200 fast-neutron reactor delayed until 2030s", 20 August 2019, fissilematerials.org/blog/2019/08/the_construction_ of_the_b.html；"Russia defers BN-1200 until after 2035", *Nuclear Engineering International*, 2 January 2020, https://www.neimagazine.com/news/newsrussia-defers-bn-1200-until-after-2035-7581968

50 International Atomic Energy Agency, "PRIS."

51 "Kalpakkam Fast Breeder Reactor May Achieve Criticality in 2019," *Times of India*, 20 September 2018, https://timesofindia. indiatimes.com/india/kalpakkam-fast-breeder-reactor-may-achieve-criticality-in-2019/articleshow/65888098.cms.

52 M.V. Ramana, *The Power of Promise: Examining Nuclear Energy in India* (Penguin, 2012)；M.V. Ramana, "A Fast Reactor at Any Cost: The Perverse Pursuit of Breeder Reactors in India," *Bulletin of the Atomic Scientists*, 3 November 2016, https:// thebulletin.org/2016/11/a-fast-reactor-at-any-cost-the-perverse-pursuit-of-breeder-reactors-in-india/.

53 "China Begins Building Pilot Reactor," *World Nuclear News*, 29 December 2017, http://

www.world-nuclear-news.org/NN-China-begins-building-pilot-fast-reactor-2912174.html；
Matthew Bunn, Hui Zhang, and Li Kang, *The Cost of Reprocessing in China* (Cam-bridge,
MA: Harvard Kennedy School, 2016), 32–33, https://www.belfercenter.org/sites/default/
files/files/publication/The%20Cost%20of%20Reprocessing-Digital-PDF.pdf.

54　Chris Buckley, "Thousands in Eastern Chinese City Protest Nuclear Waste Project,"
New York Times, 8 August 2016, https://www.nytimes.com/2016/08/09/world/asia/china-
nuclear-waste-protest-lianyungang.html.

55　"Implementation of the NPT Safeguards Agreement in the Republic of Korea,"
International Atomic Energy Agency, GOV/2004/84, 11 November 2004, https://www.
iaea.org/sites/default/files/gov2004-84.pdf.

56　R. Bari et al. "Proliferation Risk Reduction Study of Alternative Spent Fuel Processing,"
BNL-90264-2009-CP (Upton, NY: Brookhaven National Laboratory, 2009), https://www.
bnl.gov/isd/documents/70289.pdf.

57　"Plutonium Uranium Extraction Plant (PUREX)," https://www.hanford.gov/page.cfm/
purex.

58　Yoon Il Chang, "Role of Integral Fast Reactor/Pyroprocessing on Spent Fuel
Management" (presentation for the Public Engagement Commission on Spent Nuclear
Fuel Management, Seoul, South Korea, 3 July 2014)；In-Tae Kim, "Status of R&D
Activities on Pyroprocessing Technology at KAERI," SACSESS International Workshop,
Warsaw, 22 April 2015, http://www.sacsess.eu/Docs/IWSProgrammes/04-SACSESSIWS-
IT%20Kim (KAERI).pdf.

59　"Yoon Il Chang," Argonne National Laboratory, https://www.anl.gov/profile/yoon-il-
chang.

60　Toby Dalton and Alexandra Francis, "South Korea's Search for Nuclear Sovereignty,"
Asia Policy, no. 19 (2015): 115–136, https://www.jstor.org/stable/24905303.

61　"Agreement for Cooperation Between the Government of the Republic of Korea and
the Government of the United States of America Concerning Peaceful Uses of Nuclear
Energy," 2015, https://www.state.gov/documents/organization/252438.pdf.

62　Robert Einhorn, "U.S.-ROK Civil Nuclear Cooperation Agreement: Overcoming the
Impasse," Brookings Institution, 11 October 2013, https://www.brookings.edu/on-the-
record/u-s-rok-civil-nuclear-cooperation-agreement-overcoming-the-impasse/.

第4章　増殖炉不在のまま続くプルトニウム分離

　液体ナトリウム冷却「高速中性子増殖炉（FBR）」は、コストの高さと技術的問題のため、発電用原子炉として広範に利用されるには至らなかった。したがって、核兵器何十万発分にも相当するプルトニウムが毎年米国その他の国々のハイウェイを通って運ばれるようになることを伴う米国原子力委員会の「プルトニウム経済」のビジョンは、現実のものとはならなかった。しかし、いくつかの国々で再処理が続いた。その規模は元々想定されていたものよりは小さいが、潜在的な核兵器の数で測れば、それでも巨大なものだった。

- フランスでは、分離済みプルトニウムは普通の軽水冷却炉用のプルトニウム・ウラン「混合酸化物（MOX）」燃料の製造に使われるようになった。この目的のためにプルトニウムを分離するのは非経済的だが、フランス政府は、フランスにおける電力コストの増大も、何千人もの雇用を意味する巨大な再処理施設の維持のためにはやむをえないと考えているかに見える。これについては、本章の最後でもう一度検討する。
- 英国で再処理が続けられ、拡大されたのは、政府所有の「英国核燃料公社（BNFL）」を、フランスのコジェマ社[1]と競合する国際的再処理サービスの提供者として確立するためだった。英国自身の分離済みプルトニウムのストックは、使用計画のないまま増え続けた。
- 日本は、カーター政権の反対をよそに、東海村のパイロット再処理工場の運転を続け、産業規模の再処理工場を建設する計画を変えなかった。そして、増殖炉がないため、フランスの例に倣って、余剰プルトニウムを軽水炉の燃料にすること（プルサーマル計画）を決めた。
- ロシアの原子力研究開発（R&D）推進体制派は、頑固に増殖炉の開発を追求し続けた。そして、その増殖炉構想を支えるために、再処理を続けた。BN-600増殖原型炉の燃料はプルトニウムではなく濃縮ウランであるにもかかわらず。

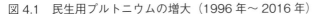
図 4.1　民生用プルトニウムの増大（1996 年〜 2016 年）

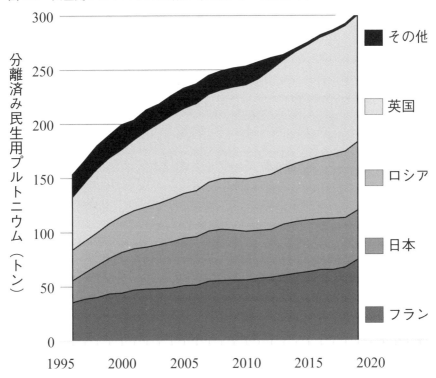

「その他」のうちの3カ国——ベルギー、ドイツ、スイス——は、英仏との再処理契約を更新しなかっ
た。四つ目の国、オランダは、1基だけ保有している発電用原子炉——電気出力50万キロワット
(0.5 GWe)——のための再処理契約を更新した[2]（著者ら　IAEAへの報告を基に[3]）。

　その結果、これら4カ国が保有する未照射［炉内で中性子と浴びせていない＝
未使用］の民生用プルトニウムの量は増え続け、2018年には合計約300トン
に達している（図4.1）。

　1997年、最大量の民生用分離済みプルトニウムを持つ4カ国（フランス、日
本、ロシア、英国）は、他の高度な原子力プログラムを持つ5カ国（ベルギー、
中国、ドイツ、スイス、米国）とともに、「核拡散のリスクの増大をもたらすこ
とを避ける必要性」を認識し、「プルトニウム管理指針」に合意した[4]。この
指針の一つは「可能な限り早期に受給バランス——原子力事業のための合理
的作業在庫の需要を含む——を達成することの重要性」だった。さらに、各

国がこのバランスをどの程度達成しているかを世界が監視できるように、9カ国はそれぞれ、「国際原子力機関（IAEA）」に対し、民生用未照射プルトニウムの量に関する公開年次報告を提出することを約束した。本章の図のいくつかは、これらの報告に基づいている。

　しかし、フランス、日本、ロシア、英国は、その未照射プルトニウムの保有量を合理的な作業在庫レベルまで減らすことに成功していない。以下、これらの国々の状況を一つ一つ見ていく。

4.1　フランス：軽水炉でのプルトニウム・リサイクル

　フランス原子力庁（CEA = Commissariat à l'énergie atomique）は、現在では、ナトリウム冷却炉が発電用に経済的だとは言っていない（同庁は、2010年に名称変更で原子力・代替エネルギー庁［Commissariat à l'énergie atomique et aux énergies alternatives］となるが頭文字表記はそのまま）。しかし、新しい高速中性子炉の建設に関心を持ち続けている。プルトニウムに加えて、使用済み燃料の中にある少量の他の長寿命「超ウラン」元素（ネプツニウム、アメリシウム、キュリウム）——ウランによる中性子捕獲によって形成される——を核分裂させられることを実証しようというのである。

　CEAは、長寿命元素を放射性廃棄物とともに地下に埋めるのは受け入れがたいことだと政府を説得するのに成功した。2006年、超ウラン元素を分裂させるための新世代原子炉、あるいは、加速器駆動原子炉の運転を2020年までに開始することを定めた法律が通過した[5]。2012年、CEAは、ASTRID（Advanced Sodium Technological Reactor for Industrial Demonstration ＝工業的実証用改良型ナトリウム技術炉）の建設を提唱し、ナトリウム冷却高速炉のアイデアを復活させた。しかし、2016年にCEAが示すことができたのは、詳細設計の作業を2020年に開始することを想定した「討議用プラン」だけだった[6]。同年末、日本政府は、失敗に終わった原型炉もんじゅの廃止措置について決定した際、高速炉研究開発（R＆D）プログラムは、ASTRIDプログラムへの参加を通じて続けられると説明した。

　しかし、ASTRIDの計画は遅れ続けた。そのあげく、CEAは2018年1月、見積りコストが高すぎるとして、ASTRIDの電気出力を60万キロワットか

図 4.2　ラアーグにあるフランスの総額 200 億ドル（約 2 兆 2000 億円）の再処理施設群（Google Earth, 49.68° N, 1.88° W, 2015 年 6 月 17 日）

ら 10 〜 20 万キロワットに縮小することを提案した。フランスが 1998 年に閉鎖したナトリウム冷却増殖炉スーパーフェニックスの出力の約 10 分の 1 である[7]。5 カ月後、プログラムの責任者が東京で、「マイルストーンは 2024 年に設定され、この時点において建設許可の取得に向けた詳細設計プロセス及び管理プロセスの開始を決定する条件が満たされているかどうかを確認する」と述べた[8]。

　2018 年 11 月 28 日、日本の経済紙『日経新聞』が、フランス政府、日本に対し、ASTRID プロジェクトの凍結意向を伝達、と報じた。仏日両政府はこのニュースを否定したが、1 年後、CEA はその内容を認めた[9]。

　ASTRID の正当化論に対する異論は、すでに 2012 年の段階でフランス「放射線防護原子力安全研究所（IRSN）」から、そして、13 年には、フランス「原子力安全局（ASN）」から出されていた。両者とも、使用済み燃料の中の長寿命放射性核種を破壊しようという経費のかさむプログラムは、正当化できるものではないと宣言した。地下深くに埋設された使用済み燃料に起因する元々小さな危険性をさらに減らすことが「必要だ」という主張には説得力がないとの結論だった[10]。「米国科学アカデミー（NAS）」が米国エネルギー省（DOE）のために行った詳細な研究も、1996 年に同じ結論に達していた。「［放射性廃棄物処分場からの］被曝線量の減少はどれをとってみても、それだけでは、核変換［使用済み燃料の中の長寿命の放射性核種を核分裂させること］の費用

と追加的運転リスクを正当化するような大きさのものではない[11]」。

この問題は、第7章でもっと詳細にみる。

しかし、軽水炉燃料でのリサイクル用のプルトニウム分離は、フランスの巨大な総額200億ドル（約2兆2000億円）の再処理施設群で続けられた（図4.2）[12]。再処理工場がフランス西北部のノルマンディー地方の田舎にあるラアーグで5000人の労働者を雇用しているという事実が考慮された一つの点だろう[13]。もう一つは、フランスにおける再処理の中止は、中国に再処理工場を売ろうとしているフランス政府所有企業アレバ社の試みの障害になるだろうという点である。この問題については本章の最後でもう一度見る。

ラアーグで分離されたプルトニウムは、陸路でフランス南部に運び、マルクール・サイトで劣化ウラン——ウラン濃縮の副産物——で薄めて、軽水炉用のMOX燃料を製造する。このMOX燃料は、フランスの軽水炉が使う燃料の約10パーセントを提供する。しかし、2000年にフランス首相のために行われた研究によると、MOX燃料の製造には、代替された元の低濃縮ウラン燃料の5倍のコストがかかる[14]。

2003年にフランスは「イーコール・フロー」政策を発表した（これは後に、「流量適切性原則」[15]と呼ばれるようになる）。その目的は「余剰の分離済みプルトニウム在庫の蓄積を防ぐ」ということだった[16]。しかし、フランスの年次公開報告書で「原子炉サイトその他の場所で未照射MOX燃料あるいは他の製造品の中に入っている」ものとして発表されている未照射プルトニウムの量は、20年間に亘って、平均して毎年1トン以上の割合で着実に増え続けている[17]。これは、主として、使用不能のMOX燃料の蓄積によるもののようである。理由は、製造の際に装荷対象となっていた原子炉がもう存在しない（フランスとドイツの増殖炉）か、MOX燃料が品質管理基準を満たしていないかである[18]。その結果、フランスの未照射民生用プルトニウムの総量は、1995年の約30トンから2016年の65トンへと、2倍以上に増えている（図4.3）。

軽水炉でMOX燃料を1回使用しただけでは、含まれるプルトニウムの量は3分の1程度しか減らない。しかし、フランスは、軽水炉での2番目のリサイクルのためにプルトニウムをまた分離するということはしていない。なぜなら、MOX燃料を1サイクル使用すると、プルトニウム239とプルトニウム241が約60パーセント減り、これによって、同位体組成が、軽水炉では

図 4.3　フランスにおける未照射民生用プルトニウムの貯蔵量の推移

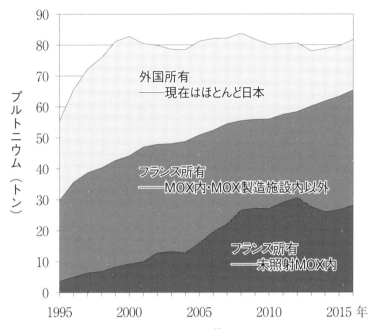

著者ら、IAEA に対するフランスの報告書に基づく[19]

効率的に核分裂させることはできないプルトニウム238、240、242の方に移動するからである[20]。したがって、使用済みMOX燃料は、将来、高速炉が建設された場合に再処理すべく、貯蔵されている。理論的には、何度もリサイクルを繰り返せば、高速中性子はプルトニウムのすべての同位体を核分裂させることができる。しかし、現在フランスが、ナトリウム冷却炉のコストはそのベネフィットを上回るとの判断に至りつつあるとすると、結論として、使用済みMOX燃料は地下処分場に入れて直接処分しなければならなくなるだろう。これは、超ウラン元素を地下に埋めるのは許容できないから再処理が必要とのCEAの主張の土台を崩すことになる。

4.2　英国：再処理プログラムついに閉幕へ

　この工場は、元々、建設されるべきではなく、また、計画通り運転で

きたことはなく、誰にもどうしていいか分からない大量の［回収］ウランとプルトニウムを遺産として残した。

　　マーティン・フォーウッド　「放射能の環境に反対するカンブリア人（CORE）[31]

　英国のケースは、ユニークである。英国は、増殖炉プログラムを放棄した1994年以降も、別の利用計画のないまま、長期に亘って民生用プルトニウムの分離を続けたのである。2010年、「フランス電力（EDF）」が英国の第二及び第三世代の発電用原子炉の所有権を得た。元の所有者ブリティッシュ・エナジーが倒産した後のことである[22]。EDFはフランスでは、フランス政府の官僚機構によって、その使用済み燃料をラアーグで再処理することを余儀なくされているが、英国政府はEDFに対し、同社が英国で保有する原子炉から出る使用済み燃料の再処理契約の更新を拒否することを許した。

　第2章で説明したように、英国は、1952年にイングランド北西海岸のウインドスケールで再処理プログラムを開始した。核兵器用のプルトニウムを分離するためである。ウインドスケール・サイトは、後にセラフィールドと改名される。同サイトで建設された最初の2基のプルトニウム生産炉のうちの一つが1957年に起こした火災事故の忌まわしい記憶から逃れようとしてのことである。この事故は、大量の揮発性の放射性核分裂生成物ヨウ素131を放出し、風下の広範な地域の牧草地を――そしてその牧草を食べた牛から搾られた牛乳を――汚染した[23]。

　英国の核兵器用プルトニウムの需要は、1995年頃にはすでに満たされていた[24]。それにもかかわらず再処理が続けられたのには、二つの理由があるようである。

(1)　英国の第一世代のマグノックス炉で使われた金属ウラン燃料は水の中で腐食されやすい。マグノックス燃料の乾式貯蔵方法が開発されたが、10カ所以上のサイトの1カ所で活用されただけだった[25]。

(2)　1970年代末、政府所有の「英国核燃料公社（BNFL）」が、英国は外国の軽水炉用の再処理サービス提供者としてフランスと競合するために「酸化物燃料再処理工場（THORP）」（ソープ）を建設すべきだと提案し

た。英国の第二世代の「改良型ガス冷却炉（AGR）」のセラミック燃料は、軽水炉の燃料のように水の中で無期限に保管することが可能だが、英国政府はBNFLを支援するために、国営の「中央電力庁（CEGB）」の解体の結果設立された2社（ニュークリア・エレクトリック及びスコティッシュ・ニュークリア社）に対し、AGRの燃料をTHORP工場で再処理する契約を結ぶよう圧力をかけた[26]。

AGRの使用済み燃料の再処理は、マグノックス炉の燃料の場合と同じく、英国の高速増殖炉プログラムのために必要だと主張された。しかし、英国は1994年に高速炉プログラムを放棄する。まさにTHORP工場が運転を開始した年のことである。それにもかかわらず、AGR炉の燃料の再処理契約は実行に移された[27]。

1993年、本書著者の1人（フォンヒッペル）は、ホワイト・ハウスでの在職中に、英国に対しTHORPの運転を開始しないよう呼びかけるメッセージを起草した。これを、ビル・クリントン大統領科学顧問のジョン・ギボンズが、英国側担当者のウイリアム・ウォルドグレイブ公共サービス・科学大臣に電話で読み上げた。ギボンズは、英国はTHORPの運転により分離済みプルトニウムの保有量を増やし、おまけに除染をしなければならない施設を追加してしまう代わりに、「バーチャル再処理」により、外国の顧客との再処理契約を履行することができると指摘した。つまり、顧客に対し、使用済み燃料と引き換えに、マグノックス炉燃料再処理工場ですでに生じている分離済みプルトニウムと高レベル廃棄物を提供するのである[28]。後に判明したのだが、この電話の数カ月前に、英国の内閣府において同様の提案が議論されていたとのことである[29]。

2001年までには、THORP工場の建設費用を賄うのに使われた「ベースロード」契約の他は新たな契約が得られそうにない状況の中で、BNFLの負債が予想される収入よりもずっと大きいことが明らかになっていた。このため、2004年、政府は、新しい政府所有組織「原子力廃止措置機関（NDA）」を設立することを決めた。再処理工場を含むBNFLの負債を引き継ぎ、契約を履行し、そして、セラフィールド・サイトを閉鎖・除染するためである。

THORP工場は、数々の技術的問題に見舞われた上、2005年には高レベル

廃液の漏洩を起こした。その結果、二つの再処理ラインのうちの一つが永久的に閉鎖された。2012年、NDAは、現存の契約が終了した時点でTHORP工場を閉鎖することを決めた[30]。最終的に、THORP工場は2018年、這うようしてフィニッシュ・ラインを超え、完全に閉鎖された[31]。NDAは、将来発生するAGRの使用済み燃料の責任を負う。だが、NDAの計画は、深地下処分場が使えるようになるまで、閉鎖された再処理工場の受け入れプールを使って保管するというものである[32]。

　2018年現在、THORPと同じセラフィールド・サイトにある古い方の再処理工場B205におけるマグノックス燃料の再処理は、後2年続けられることになっている。第一世代のマグノックス型原子力発電所の最後となるウエールズのウィルファ発電所は2015年に閉鎖されたが、未処理の使用済み燃料が残された。この再処理が2020年に完了するとの予定だった[33][訳注1]。

　英国保管の分離済み民生用プルトニウムの総量は、2017年末で他国保有の23トンを含めて136トンに達した[34]。この総量は、セラフィールドにおける再処理が終了するまでに約140トンに増えると推定された[35]。

　BNFLは、外国の電力会社顧客との間で、その分離済みプルトニウムをそれぞれの会社の軽水炉用のMOX燃料にする契約を結んだ。パイロット・プラント、続いて、産業規模のセラフィールドMOX工場がこの目的のため建設された。後者でのMOX製造は2001年に始まった。しかし、設計上の欠陥のため、工場はその後の9年間、平均して設計上の能力の1パーセントでしか運転できなかった[36]。

　NDAは、MOX燃料製造契約の大半を履行できなかったため、そのほとんどをフランス＝ベルギー共同MOX製造ベンチャーのコモックス（COMMOX）に委託した[37]。2010年5月12日、NDAは、日本の原子力発電電力会社10社と、そのプルトニウムを使ったMOX燃料をセラフィールドMOX工場で製造することで合意したと発表した。この製造契約は、「工場の相当の設計変更を支援」することが期待された[38]。しかし、NDAは、この1年後、福島事故を経て、「商業的リスク・プロファイルの変化」に鑑み、セラフィールドMOX工場を閉鎖すると発表した[39]。

訳注1　内部情報によると、2021年初頭現在、B205は2022年運転終了予定。

図 4.4　英国の未照射民生用プルトニウム量の推移

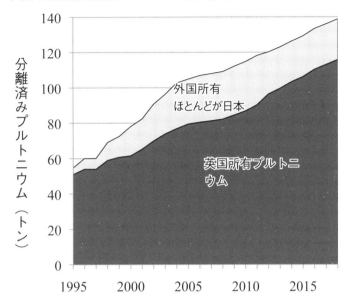

英国は、外国のプルトニウム用にMOX工場を建設したが、工場は運転できず、英国は同国で足止めとなった外国のプルトニウムの所有を引き受けていいと申し出た。2018年現在、英国は、自国の分離済みプルトニウムの処分方法を決めていない（著者ら　IAEAに対する英国の報告に基づく[47]）。

　これにより、20トン以上の日本の分離済みプルトニウムが英国で足止め状態となった[40]。

　2011年12月、英国は、額は交渉になるが、代価を支払ってくれれば、外国のプルトニウムの所有を英国に移し、英国のプルトニウムとともに処分してもいいと申し出た[41]。英国政府は17年1月までに、英国にある外国のプルトニウム8.5トンの所有を引き受けている[42]。18年11月、日英両国はついに、両国のプルトニウム処分についての話し合いを始めた。議題には日本のプルトニウムの所有の英国への移転というアイデアも含まれているかもしれない[43]。

　しかし、2018年末現在、英国は、自国のプルトニウムの処分方法について決めていない。英国は、2014年に、優先オプションはプルトニウムを燃料として使うことだと発表した[44]。しかし、2016年、MOX燃料の使用について国内電力会社の関心がないため、最終決定は、2025年よりそれほど早い時期に下されることはないだろうとし、比較的溶解度の低い母材の中に固定化し

た後、地下に埋めることも検討されていることを明らかにした（図4.4）[45]。

　英国の再処理プログラムのもう一つの負の遺産は、その再処理サイトの廃止措置の膨大な費用である。2018年現在、セラフィールドのプルトニウム生産・再処理サイト全体の除染コスト見積もりは、約910億ポンド（約13兆2000億円）に達している[46]。

4.3　日本——再処理プログラムを持つ唯一の非核兵器保有国

　非核兵器国の日本は1969年から2001年にかけて——国内でのパイロット再処理工場運転に加え——約7100トンの使用済み燃料を再処理のために英仏に送った（ガス冷却の東海第一原子力発電所からの1500トンと軽水炉からの5600トン）。その結果2018年末までに、日本の分離済みプルトニウムは約46トンに達した。そのうち英国保管が22トン[48]、フランス保管が15.5トン[49]である。

　さらに、日本は、1980年代に、年間約8トンのプルトニウム分離能力を持つ大型再処理工場計画を開始した[50]。本州の最北端に位置する青森県の六ヶ所村に建設することが計画された。IAEAの計算方法だと、プルトニウム8トンは、長崎型核兵器1000発分に十分な量である[51]。

　六ヶ所再処理工場の建設が1993年に始まった頃には、97年に完成する予定だった。費用は7600億円との見積もりだった[52]。しかし、運転開始は遅延を繰り返した。原因は、技術的な問題だった。そして、2011年以後は、福島事故後の安全性強化という課題のためである。2019年末現在、運転開始は2022年初頭の予定で、19年3月までの設備投資は約2.6兆円に達していた。

　日本原子力委員会の委員長らは、日本の原子力発電所を持つ電力会社は自らの意思で再処理することを決めたと主張してきたが[53]、日本政府はフランス政府と同じく、実質的に、再処理を強制的なものとしてきた。日本の1957年「核原料物質、核燃料物質及び原子炉の規制に関する法律（原子炉等規制法）」は、新しい原子力発電用原子炉の建設の申請に当たっては、使用済み燃料の「処分の方法」を明記することと定めた。さらに、その使用済み燃料管理方法が日本の「原子力の開発及び利用の計画的な遂行に支障を及ぼすおそれがないこと」としていた。政府の長期計画は、日本の原子力の将来は再処理と増殖炉に基づくことになるというものだったから、これは再処理を

義務化するものだった[54]。このため、日本の原子力発電所を持つ電力会社は、1980年に商業用再処理工場の建設・運転のための会社を共同で設立した。この会社は、1992年に別の会社と合併して、日本原燃となった。

　福島事故後の2012年、新しい独立の機関として原子力規制委員会を設立するために原子炉等規制法が改正された際、原子力発電所を持つ電力会社が日本の再処理政策に従うことを定めた文言は削除された。これにより、理論上は、将来建設される原子炉に関しては使用済み燃料の直接処分の選択が可能となった。しかし、2000年「特定放射性廃棄物の最終処分に関する法律」によって、再処理は依然として黙示的に強制されている。同法は、日本の地層処分施設に入れることができるのは、再処理とMOX燃料製造過程で生じた高レベル廃棄物及び「超ウラン元素（TRU）」廃棄物のみと定めている。つまり、使用済み燃料はそのまま入れられないということである。

　日本政府は2016年に「使用済燃料再処理機構」を設立した。たとえ、日本の電力市場の自由化が進む中で原子力発電所を持つ電力会社が倒産したとしても、使用済み燃料が着実に再処理されることを保証するためである[55]（「東京電力ホールディングズ［東電］は福島事故の結果、実質的に破産し、政府の資金に依存している）。日本の原子力発電所を持つ電力会社は同機構に対し、燃料がまだ炉内にあるうちに、将来の再処理コストを支払わなければならない。法律が変わらない限り、この資金は中間貯蔵や直接処分に使うことはできない。

　日本は他の工業国と同様、元々は、プルトニウム増殖炉の初期装荷炉心用のプルトニウムを提供するために軽水炉の使用済み燃料の再処理が必要だと考えた。これにより少なくとも原子力に関しては、燃料の輸入からほぼ自由になれるとのアイデアを日本は受け入れたのである。

　1961年、日本原子力委員会は商業用増殖炉の導入が70年代後半に始まると予測した[56]。この予測は、現実のものとはならなかったが、原子力委員会は——少なくとも公式には——商業化は実現するとの確信を維持した。委員会は、その予測を単に将来に向けてずらすこととした。長期計画による予測が最後に更新された2005年までには、「ずれ」は90年に達していた（図4.5）。

　六ヶ所再処理工場の建設が始まる2年前の1991年、プルトニウムの累積需要は2010年までには約130トンに達すると予測された。同工場が約75トンを供給し、残りはヨーロッパでの再処理が賄うとされた。増殖炉が30〜50ト

図 4.5　遅れ続ける日本の増殖炉商業化達成目標時期

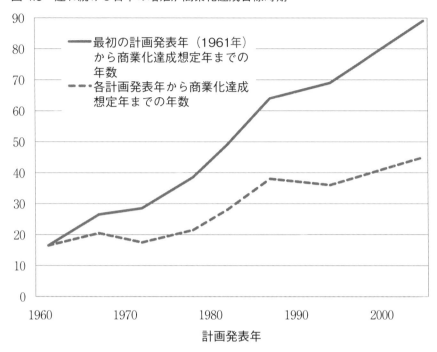

最初の計画発表年（1961年）から商業化達成想定年までの年数

各計画発表年から商業化達成想定年までの年数

計画発表年

日本原子力委員会はその「原子力の研究、開発及び利用に関する長期計画」（原子力開発利用長期計画）を、1956年から2005年まで、ほぼ5年に1度の割合で策定した。最後の計画は、「原子力政策大綱」と呼ばれた。1961年以後のそれぞれの「計画」では、高速増殖炉の商業化目標時期が示されたが、毎回、それは、将来へと遠ざかって行った。図は、この様子を、二つの形で示したものである。一つ（破線）は、目標がそれぞれ「計画」の発表年から何年先に設定されているかを示し、もう一つ（実線）は、1961年の予測から累積して何年先になっているかを示している。いくつかの予測では、原子力委は目標時期の幅を提示している。その場合には、幅の中央に位置する年が示されてる（著者ら、原子力委の各「計画」[58]）。

ンを使い、残りのほとんどを軽水炉がMOX燃料として使うことになっていた[57]。これらの計画のどれも、ヨーロッパでの再処理を除き、現実のものとはならなかった。

　1995年、日本の増殖炉プログラムは大きな痛手を負う。電気出力25万キロワット［ネット出力］の小型の増殖原型炉もんじゅがナトリウム火災を起こしたのである。運転者の動力炉・核燃料開発事業団（動燃）——日本原子力研究開発機構（JAEA）の前身——による事故の大きさのもみ消しを巡るス

キャンダルが事態をさらに悪くした。その後の20年間、動燃、その直後の後継機関、そして、JAEAはもんじゅの運転再開を試みた。2015年、日本の原子力規制委員会は、JAEAはもんじゅを安全に運転する資質を有していないと宣告した[59]。1年後、政府は、もんじゅの廃炉を決めた。

しかし、同時に、政府は、高速炉開発の取り組み方針を再確認し、2018年までに高速炉開発の「戦略ロードマップ」を策定すると発表した[60]。「高速炉開発会議」がすでに設置されていた[61]。

実は、「増殖炉」という言葉は、2014年に閣議決定された「エネルギー基本計画」で姿を消していた。代わりに、日本の高速炉推進派は、フランスの高速炉推進派に仲間入りし、再処理、そして、分離済みプルトニウム他の超ウラン元素の高速炉での使用の目的は、地下の処分場に送る廃棄物の量と危険性を減らすことにあると主張した。このためには、使用済みMOX燃料を再処理する第二再処理工場、それに、回収したプルトニウム他の超ウラン元素を核分裂させるための一群の高速中性子「燃焼炉」の建設が必要である。この恐らくは単なる「夢物語り」のプログラムの科学的根拠の欠如については第7章で論じる。

2018年末、「高速炉開発会議」が高速炉開発のための「戦略ロードマップ」を策定し、政府がこれを決定した。フランスと米国は、ともに、この試みにおける国際協力の可能性のある相手として言及されている[62]。フランスのASTRIDプロジェクトは消えつつあったが、米国エネルギー省のアイダホ国立研究所は、同研究所の将来の確保に役立つ高速中性子試験炉建設を提唱して議会の支持を得ていた[63]。

遡って1997年、日本はフランスに倣って、そのプルトニウムの一部をMOX燃料として使用する具体的な計画を発表した。この計画によると、2010年までに、年間約9トンのプルトニウムが16〜18基の発電用原子炉に装荷されることになっていた[64]。2009年に、目標年が2015年へと延ばされた。2018年末現在、日本の軽水炉に装荷されたのは累積合計約4.3トンに過ぎない。

2005年発表の長期計画の準備過程を皮切りに、原子力委員会は、再処理を正当化するためにもう一つの議論を使い始めた。この議論は次のようなものである。日本の原子力発電所の敷地が選ばれた際、日本政府は、受け入れ県

図 4.6　日本のプルトニウム保有量の推移

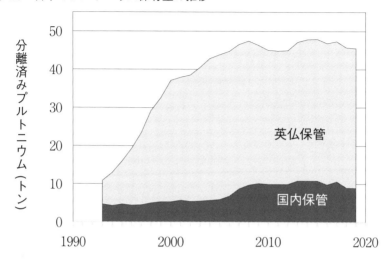

六ヶ所再処理工場が商業運転を始めると、日本のプルトニウム保有量はまた増加を始める（著者ら IAEA に送られた日本の報告に基づく[65]）。

及び市町村に対し、使用済み燃料は敷地外に運び出されるから、追加的使用済み燃料貯蔵施設が敷地内に作られることはないとの暗黙の約束をした。これにより、受け入れ自治体は、放射性廃棄物が原子炉の敷地内に無期限に貯蔵されることはないと安心できるはずだった。

　しかし、英仏との再処理契約を更新しないとの決定により、日本の使用済み燃料の搬出先は六ヶ所再処理工場だけとなった。だが、この工場の運転開始が遅れ続け、その使用済み燃料受け入れプールはまもなく満杯になる。搬出先がなくなると、日本の原子力発電所の使用済み燃料プールも満杯になる。そして、炉から取り出される使用済み燃料のためのスペースがなくなると、日本の原子力発電所は運転停止とならざるを得ない。

　したがって、六ヶ所のプールの使用済み燃料はできるだけ早く再処理しなければならない、と論じられた。各地の原子炉のプールからの使用済み燃料を受け入れるための貯蔵スペースを六ヶ所のプール内に作るためである[66]。

　問題をさらに複雑にしているのが青森県知事の「脅し」である。知事は、日本政府がその再処理政策を放棄するなら、六ヶ所のプールに貯蔵されてい

る使用済み燃料は元の原子力発電所に送り返されることになると主張している[67]。実のところ、使用済み燃料の元の原子炉への搬出は、原子力発電所立地県が敷地内の容量不足で受け入れることができなければ、あるいは、拒絶すれば、起こりえないのだが、青森県知事の「脅し」は、日本の再処理プログラムの必要性を最終的に正当化する根拠として使われてきている。

実際は、日本の再処理中止の障害は、政府がその意志を持てば対処することが可能である。第5及び6章で見るように、米国をはじめ、発電用原子炉を持つほとんどの国では、使用済み燃料プールが満杯になると、空冷式の貯蔵キャスクを取得して、プール内での冷却期間の一番長いものをそこに移している。日本でもこの解決策の可能性が高まっているようである。

日本の原子力発電所受け入れ県・市町村で敷地内乾式貯蔵の支持が広まりつつある一つの理由は、2011年の福島第一の事故の際にもう少しで起きるところだった使用済み燃料プール火災に関連した安全上の懸念である。日本の原子力規制委員会は、プールで5年程度以上冷却した使用済み燃料について、プール貯蔵より安全な方法として乾式貯蔵を推進してきた。そして、2018年12月、規制委は、この方式の貯蔵を推進するために新しい規則を発表した[68]。パブリック・コメントを経て、最終的新規則が2019年初頭に確定した[69]。

日本による分離済みプルトニウムの蓄積について、米中両国の批判が高まっている（もっとも、中国は、自身が民生用再処理工場と高速増殖炉の建設計画を進めている[70]）。しかし、日本の再処理推進派は、なぜ非核兵器国の日本が核兵器何千発分もの分離済みプルトニウムをため込んでもいいのかについて、様々な主張を展開している。

(1) 軽水炉によって生み出される「原子炉級（リアクター・グレード）」プルトニウムの同位体組成は、核兵器に適さない（この問題については、本章の終わりの方で、別途論じる）。

(2) 「日本で行う再処理は、ウランとプルトニウムを［50対50の割合で］混合して酸化物に転換する混合転換方式が採用されている。したがって、プルトニウム酸化物を単体保有することはない……混合酸化物［MOX］はそのままでは核兵器に用いることはできず、核拡散抵抗性がある[71]」。実際は、混合酸化物では、使用済み燃料からのプルトニウム分離を難し

くするガンマ線放出放射性核分裂生成物が取り除かれてしまっており、簡単なグローブ・ボックスを使えば、プルトニウムを容易に分離することができる[72]。

(3)　日本は核兵器を製造する意図を持っていない。実際、日本は約50年間に亘って、核武装をするのに十分なプルトニウムを持ちつつ、その方向に動いていない。しかし、日本の近隣諸国や米国——核兵器と通常兵器の両方を含むあらゆる軍事的能力を使って日本を防衛するとのコミットメントを表明している——は、日本は脅威を感じれば迅速に核兵器を製造できることを知っている。2018年に、日本の元経済産業省原子力政策関係高官の田中伸男がバーチュアル核抑止の重要性を主張している。

　　　　原子力は安全保障、国防上の理由からも必要である。広島・長崎を経験した日本は核兵器を持つつもりは毛頭ないが北朝鮮の核ミサイルが頭上を飛ぶ時代に核能力を放棄することは彼の国からなめられることになる[73]。

　しかし、残念ながら、日本の先例は、核兵器国における民生用プルトニウム・プログラムとともに、核不拡散体制を脅かす。潜在的核兵器能力の保有に関心を持つ国々が日本のような再処理能力を取得するのを正当化するからである。たとえば、国民の多数が、北朝鮮とのバランスを確保するために核兵器の保有を支持している（2017年）韓国では[74]、「韓国原子力研究所（KAERI）」が、長年、日本と同じく韓国も使用済み燃料を再処理したり、ウランを濃縮したりする「権利」を持つべきだとの主張を展開してきている。

4.4　ロシア：増殖炉開発の継続

　ソ連は、1977年、冷戦時代の最初の秘密プルトニウム生産サイトにおいて、その軍事用再処理工場の一つを、第一世代の軽水炉（VVER400）の使用済み燃料の再処理ができるように改造した[75]。同サイトは、当時は郵便箱の番号チェリャビンスク40としてのみ知られていた（現在のオジョルスク）。「RT-1」というこの工場の公称設計能力は、年間400トンの使用済み燃料の処理とい

うものだったが、これまで発表されている民生用プルトニウムの年間分離量で見る限り、平均してこの処理能力の約3分の1で運転されてきた。

しばらくの間はRT-1で再処理される使用済み燃料の一部は、ソ連が東欧諸国とフィンランドに輸出した原子炉から来ていた。稼働中のVVER400の基数が減少していく中、RT-1は2017年に第二世代のVVER1000からの使用済み燃料も再処理できるように改造された[76]。RT-1が運転される一方で、分離済み民生用プルトニウムが全く使われなかった結果、2017年末現在、ロシアの民生用プルトニウム保有量は59トンに達している[77]。これは、英仏両国に続く世界第三位の量で、しかも年間1.5トンの割合で増加している。

ソ連は1976年、RT-1よりずっと大きな設計能力の第二再処理工場を、シベリア中央部にあるもう一つの秘密都市クラスノヤルスク26（現在のジェレズノゴルスク）で建設することに決めた。この工場――RT-2――はVVER1000の使用済み燃料を年間1500トン再処理する設計能力を持つことになっていた。しかし、その建設は1990年代に中止となった。資金不足のためである[78]。建設が終了していたRT-2の受け入れプールは、後に、8600トンの容量を持つ中間貯蔵プールに改修された。そして、それに近接して、設計貯蔵容量3万7785トンの巨大な使用済み燃料乾式貯蔵施設の建設が始まった[79]。

ロシアは、今も、ジェレズノゴルスクに再処理工場を建設する意向で、様々な技術の実験をしている。2018年3月、ジェレズノゴルスク・パイロット実証センターで最初の軽水炉使用済み燃料集合体が再処理された。この工場は、年間250トンの使用済み燃料を再処理する設計能力を持っている[80]。さらに、同工場に第二ラインを導入するという計画が発表されている[81]。

ロシアは、軽水炉でMOX燃料を使用するプログラムを持っておらず、このため、分離済みプルトニウムをほとんど使っていない。ソ連が建設した二つの高速炉――カザフスタンのBN350（1973～1999年）とウラル地方のBN600――の燃料は、17～26パーセント濃縮のウランであって、プルトニウムではない[82]。

2015年末、ロシアは、BN600に隣接して建設された新しい高速中性子原型炉BN800の運転を開始した（図4.7）。BN800の初期装荷炉心の16パーセントだけがMOX燃料で、残りは、濃縮ウランだった。計画は、燃料を段階的に、原子力発電所の使用済み燃料の再処理で取り出した「原子炉級」プルト

図 4.7　ロシアの増殖原型炉 BN-800（2015 年発電開始）
炉心は、水ではなく液体ナトリウムで冷却されている。ナトリウムは炉内で高度の放射能を帯びるようになる。そして、ナトリウムは、空気や水に接触すると燃える。このため、接触が生じないよう保証するために複雑な仕組みが必要である。炉心の上の円筒状の物体は、燃料交換装置で、窒素やアルゴンなどの不活性のガスの中で燃料集合体を内部に挿入して、これを炉内に設置するためのものである。直径の大きな方の配管のループには、放射能を帯びていない2次系のナトリウムが入っていて、これが炉内のタンクにある一次系のナトリウムの熱を蒸気発生器に伝える。しかし、このような入念な設計にもかかわらず、ナトリウム漏れのため、ほとんどの増殖炉がほとんどの期間停止されたままになっている（ロスエネルゴアトム[85]）。

ニウムの入ったMOX燃料に替え、最終的には、全炉心をMOX燃料にするというものだった[83]。しかし、たとえ、同炉の使用済み燃料が再処理されないとしても、1基の増殖炉でのプルトニウム使用だけでは、軽水炉の使用済み燃料の再処理によるプルトニウムのさらなる増大を相殺することは出来ない。さらに、ロシアは、米国とともに、冷戦で引退となった核弾頭から回収した核兵器用プルトニウム34トンを余剰と宣言しており、さらに多くを余剰と宣言しうる。

　米ロの2000年「プルトニウム管理・処分協定（PMDA）」（2010年の議定書による改定版）の下では[84]、ロシアは34トンの核兵器用余剰プルトニウムをBN800とBN600 で消費することになっていた（一方、米国はその核兵器用余剰プルトニウム34トンを軽水炉でMOX燃料として処分するとの内容だった）。これで期待されるそれぞれの国のプルトニウム照射量は、少なくとも年間1.3トンということだった。BN800 は、80パーセントの設備利用率で運転し、また、

燃料装荷を経済的に最善のものよりも早いペースで行った場合、プルトニウム239の含有率約94パーセントの「兵器級（ウェポン・グレード）」プルトニウムを最大で年間1.8トン、「非兵器級」プルトニウムに転換することができる（その結果得られるものは、プルトニウム239を84パーセント含有する核兵器利用可能プルトニウムである[86]）。しかし、後にこの炉を増殖炉として運転し、炉心の周囲に配置した劣化ウランの「ブランケット」を再処理すれば——これがロシアの増殖炉の最終的意図——ロシアの分離済み「兵器級」プルトニウムの保有量はまた増大することになる。

　しかし、2014年、オバマ政権はコストの高騰のため、米国のMOXプログラムの停止を提案した。同プログラムは、ジョージ・W・ブッシュ（息子）政権が米国の34トンの軍事用余剰プルトニウムの処分方法として選んだものである。オバマ政権は、コストのもっと低いオプションの検討を始めた[87]。この米国の政策変更が始まった時期は、米ロの間の緊張が高まっていた時期と重なり、ロシアのウラジミール・プーチン大統領に協定順守停止を正当化する根拠を与えるものとなった。2016年のことである[88]。結局、米国のMOXプログラムは、2018年、トランプ政権によって中止された[89]。同政権は、また、米国の余剰プルトニウムを酸化物に変え、特殊な化学粉末と混ぜて分離を難しくした上で、ニューメキシコ州の地層処分場「廃棄物隔離パイロット・プラント（WIPP)」に埋めるというオバマ政権の提案を支持した[90]。

4.5　「原子炉級」プルトニウムの兵器利用の可能性

　第3章で論じた通り、インドの1974年の核実験の後、米国の政策は、プルトニウムの分離及び燃料としての使用の支持から反対へと変わった。

　これに大きな不満を持ったプルトニウム経済推進派は、「民生用」プルトニウムをインドの場合のように核兵器に使うことができるという見解に反論を試みた。

　彼らの主張の一つは、核兵器用に作られるプルトニウムは、プルトニウム239を約94パーセント含有しているのに対し、発電用軽水炉で作られるプルトニウムは、一般的にプルトニウム239の含有度が50パーセントを少し超えるに過ぎないというものである（「兵器級」プルトニウムは、大体プルトニウム

239の含有度が90パーセントを超えるものと定義される。プルトニウム239は、ウラン238の原子核が中性子を1個捕獲することによってできる［図2.1及び2.2参照］。一方、軽水炉の使用済み燃料に入っている「原子炉級」プルトニウムは、通常、プルトニウム239以外の同位体を40〜50パーセント含有する。これらの同位体は、ウラン238及びウラン235が中性子を次々と捕獲することによって生まれる［図7-1参照］）。

　発電用原子炉の中で長期間燃やされた使用済み燃料から取り出された「原子炉級」プルトニウムは、プルトニウム239以外の同位体が大きな割合で含まれているため、確かに、兵器用としては「兵器級」プルトニウムほど適していない。

- プルトニウム238——「原子炉級」プルトニウムの約2パーセントを占める——は、プルトニウム239と比べ寿命がずっと短く、その半減期は、後者の場合が2万4000年であるのに対し90年でしかない。崩壊速度の速さのため、プルトニウム238は、キログラム当たりプルトニウム239よりずっと大きな放射性熱を発生する。
- プルトニウム240——「原子炉級」プルトニウムでは、やはり、「兵器級」のものに比べずっと大きな割合で存在する（25パーセント対6パーセント）[91]——は、自発的核分裂を起こす。これによって生じる中性子は、回りを取り囲む爆薬の爆発で圧縮される「爆縮」過程の超臨界のプルトニウムにおいて連鎖反応が早期に生じる確率を高める。この場合、爆発は、想定よりも低威力のものとなる。
- プルトニウム241——「兵器級」プルトニウムでは1パーセント以下であるのに対し「原子炉級」では約15パーセント存在する——は半減期14年で崩壊してアメリシウム241となり、「原子炉級」プルトニウムからなる核兵器の「ピット（芯）」の寿命を縮める可能性がある。

　これらは実際の違いであり、このため、核兵器設計者らは「兵器級」プルトニウムの方を好むのである。
　しかし、1970年代以来、米国の核兵器設計者らは、これらの違いは、「原子炉級」プルトニウムを核兵器用に使えなくするほど大きなものではないと公に述べている。核兵器設計者らは、秘密保持上の制約のために、設計の詳

細について触れることができない一方、再処理推進派は、制約されず、自分たちの主張を展開した。その声はフランスと日本において特に大きかった。このためフォンヒッペルは、1995年にフランスの「原子力庁（CEA）」に行って、同庁の核兵器設計者らに尋ねてみた。「原子炉級」プルトニウムが核兵器に使えるかどうかという問題について、フランスの再処理会社——当時はコジェマ（後に、再編の結果、アレバとなり、その後オラノに）——にどんな話をしているのか、と。答えは単純明快で、「彼らが主張しているようなことは言っていない」というものだった[92]。

1993年、米「ロスアラモス国立研究所（LANL）」の核兵器設計部門の元責任者のJ・カーソン・マークは、第二次世界大戦中に同研究所の所長を務めたJ・ロバート・オッペンハイマーによる一通の書簡が機密解除となっていることに気づいた。書簡は日本に対する核兵器使用の前に書かれたもので、次のように述べていた。長崎のプルトニウム爆弾が設計「出力」（威力）［化学爆薬換算20キロトン］よりも相当小さな爆発を起こす確率は12パーセント、化学爆薬5000トン（5キロトン）未満相当の出力の確率は6パーセント、化学爆薬1000トン（1キロトン）未満の出力の確率は2パーセントとなる[93]。マークは、長崎投下の核爆弾に使われたプルトニウムが「スーパー・グレード」——つまり、現在の「兵器級」プルトニウムよりもプルトニウム239の純度がさらに高いもの——だったとの想定の下、この確率を当てはめると次のような計算になることを示した。「原子炉級」プルトニウムの場合、長崎と同じ設計を使うと、設計通りの出力20キロトン（化学爆薬2万トン相当）を達成する確率は約8パーセントであり、5キロトン（5000トン）及び1キロトン（1000トン）を超える確率はそれぞれ約29パーセントと67パーセントである[94]。マークは、最も低い「フィズル（爆発失敗）」出力は化学爆薬約0.5キロトン（500トン）相当となると計算した。

マークは、また、出力約1キロトン（長崎投下爆弾のフル出力の約5パーセント）の爆発破壊力を次のように説明した。

　爆風、熱、そして即発放射線の影響からの非常に大きな被害と急性放射線障害は、日本に対して使われた核兵器の場合には半径約1マイル［1.6キロメートル］に及んだが、これらの「小さな」出力の場合に及ぶのは、

半径3分の１マイルあるいは2分の１マイル「だけ」である。

　1997年に米国の核兵器設計者らは、「原子炉級」プルトニウムの核兵器用使用の可能性について、もっと一般的な非機密扱いのステートメントを発表した。

　　洗練度が最も低いレベルでは、潜在的核拡散国家あるいは非国家集団は、第一世代の核兵器［つまり、長崎レベルの設計］で使われた設計及び技術程度の洗練度のものを使って、「原子炉級」プルトニウムから、１キロトンないし数キロトンの確実な信頼性のある出力を有する核兵器を作ることができる（蓋然性の高い出力はこれより相当大きいものとなる）。その対極では、米ロのような先端核兵器国は、現代の設計を使って、「兵器級」プルトニウムでできた核兵器に大体において匹敵する信頼性のある爆発出力、重量その他の特性を有する核兵器を「原子炉級」プルトニウムから作ることができる[95]。

　再処理推進派の一部は、未だに「原子炉級」プルトニウムは核兵器に使えないと主張し続けている。米国の小説家で社会改革派のアプトン・シンクレアの有名な発言にあるように「あることを理解しないことによって給料を得ている人にそれを理解させるのは難しい[96]」。

4.6　民生用再処理の頑固な継続

　図4.8は民生用再処理プログラムを持っている国々の数と時間の関係をグラフで示したものである。数は常に比較的小さなもので、過去半世紀に亘って明確な上向きあるいは下向きの傾向は見られない。今日、五つの核兵器保有国（中国、フランス、インド、ロシア、そして英国）と一つの非核兵器保有国（日本）が民生用再処理プログラムを持っている。英国は、この6カ国のうち、原子力発電所を持つ電力会社に再処理を放棄することを許してもいいと考える唯一の国である。英国は「酸化物燃料再処理工場（THORP）」（ソープ）

図 4.8　民生用再処理の執拗な継続

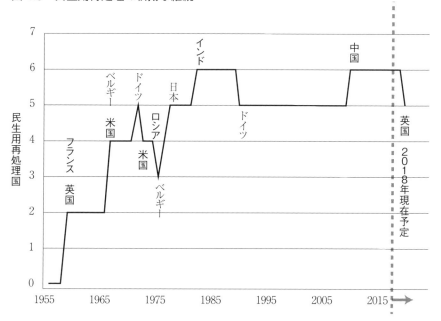

核保有国の名前は太字で示してある。2018年現在、日本は、この30年間、国内における再処理導入に取り組んでいる唯一の非核兵器保有国となっている。オランダは、1基だけ残っている原子炉の使用済み燃料の再処理をフランスに委託している（著者ら）。

を2018年末に閉鎖した。古い方の再処理工場B205は、2020年に[訳注2]、すでに退役した第一世代のマグノックス炉の残っている使用済み燃料の再処理が終わった時点で閉鎖される予定となっている[97]。

　再処理放棄を決めていない5カ国のうち、フランスと日本は、増殖原型炉スーパーフェニックスともんじゅをそれぞれ1998年と2017年（決定は16年）に閉鎖した。フランスは、再処理で分離したプルトニウムを軽水炉でMOX燃料として使っている。日本はこれに倣おうとしている。2018年、フランスは実際に再処理していたが、日本はしていなかった。日本の六ヶ所再処理工場の運転は、元々は、1997年に開始の予定だったが、様々な技術的及び安全性問題によって、24回[訳注3]延期されてきた[98]。

訳注2　内部情報によると2021年初頭現在、2022年運転終了予定。
訳注3　2020年8月、25回目の延期が発表され、完工は2022年度上期の予定となった。

増殖炉開発プログラムは、前章でも触れた通り、残りの三つの国々（ロシア、インド、中国）で追求されている。フランスと日本は現在、その原子力研究開発推進体制派（エスタブリッシュメント）の活動を、主として、超ウラン元素を核分裂させるための高速中性子炉の設計研究に限定している。

　ロシアは、最も積極的な増殖炉開発計画を持っていて、2基の原型炉が運転中である。古い方のBN600は、電気出力56万キロワット（560MWe）の高速中性子炉で1980年に臨界に達した。前述の通り、この炉はプルトニウムではなく濃縮ウランを燃料としている。初期に何度ものナトリウム火災に見舞われたが、その後、他のどの増殖炉よりも信頼性の高いものとなっている。ほとんど平均的な軽水炉なみである。

　しかし、BN600は、経済競争力を持っておらず、2015年に2基目の増殖原型炉、BN800（電気出力82万キロワット＝MWe）を完成させ、運転を開始するまでに、ソ連／ロシアは20基の大型軽水炉を建設している。元の計画では、BN800の完成と同時に、BN1200の建設を開始することになっていたが、建設開始は延期された[99]。前章で述べた通り、最近では、建設決定がなされるとしても、運転開始予定は2036年以降に延期されることになるだろうと報じられている[100]。

　インドの増殖炉プログラムは、ロシアのものと同じぐらい古い。だが、2018年末現在、重水炉と軽水炉が合わせて22基の建設を終えている一方で、増殖炉はというと、最初の本格的高速増殖原型炉（47万kWe＝470MWe）の完成にてこずっているありさまである。2018年3月、インドのエネルギー省（DAE）は、向こう15年の間に、さらに6基の増殖炉が建設されると発表している[101]。10年ほど前、DAEは同じ6基が2022年までに完成すると発表していた[102]。

　中国は、増殖炉研究開発クラブの最新メンバーである。「中国原子能科学研究院（CIAE）」——政府所有の「中国核工業総公司（CNNC）」の核分裂エネルギー研究部門——が、出力2万5000キロワット（25MWe）の「中国高速試験炉（CEFR）」の運転を開始したのは2011年である（中国は、それまでに、電気出力100万キロワット（1000MWe）級の軽水炉14基の建設を終えていた）。高濃縮ウランを使った二つの初期装荷炉心はロシアから購入された。しかし、CEFRは、その後の5年間ほとんど運転されていない。2016年、CNNC

は、同炉の累積発電量は、全出力での1時間の運転に相当すると発表した[103]。CNNCは、それでもくじけることなく、2017年、電気出力60万キロワット（600MWe）級の「中国高速炉（CFR-600）」の基礎工事[訳注4]を始めた[104]。

　CNNCは、また、その増殖炉プログラム用のプルトニウムを回収するために、パイロット再処理工場を建設した。同工場は、年間約50トンの軽水炉使用済み燃料を処理する設計能力を持つ。この処理能力だと、分離済みプルトニウムの発生量は年間約500キログラムとなる。2010年末に運転を開始したが、2016年末現在、プルトニウムの累積回収量はわずか41キログラムである[105]。非公式の報告書によると、2017年以来、工場は設計能力で運転されているとのことである[106]。

　「中国核工業総公司（CNNC）」はもっと大型の再処理工場を二つ建設しようとしている。

(1)　「中国原子能科学研究院（CIAE）」設計の工場——設計年間処理量は、軽水炉使用済み燃料200トン。この工場のためのサイト準備活動が2015年に内陸部のパイロット再処理工場の近くで始まった[訳注5]と報じられている[107]。

(2)　フランス政府所有のオラノ社設計の工場——年間処理能力は、フランス設計の六ヶ所再処理工場と同様の800トン。2018年1月、中仏両政府首脳隣席の下、CNNCはオラノ社と、設計サービスと部品に関する100億ユーロ（約1兆4000億円）の契約に関する覚書に署名した。

　オラノ社のCEOは、建設は2018年に始まるだろうと述べたが、2019年末現在、実際の契約署名はなされていない。実をいうと、この種の覚書が過去10年間の数々の中仏サミットで署名されている。以前の遅延は、オラノ社の前身のアレバ社（倒産）が提示した200億ユーロ（2兆4000億円）という額に中国政府が難色を示したためだった[108]。しかし、今回は、別の理由があるのかもしれない。CNNCは再処理工場の敷地を見つけられていないのである[109]。

　CNNCは、フランス設計の工場を海岸地帯に建設したいと考えている。中

訳注4　2020年12月、同型炉2号機が着工された。
訳注5　もう一つの同規模の工場の建設が同じサイトで始まっていると2021年春に報じられた。

国の原子力発電所——すべて海岸線に立地——からの船舶輸送が可能となるからである。しかし、中国の海岸地帯は人口密集地で、2016年8月に北京と上海の中間にある連雲港市が新しい再処理工場の建設候補地となっていると明らかになった際、数千人がデモ抗議を行い、市当局は急いで、同市でのCNNCの敷地選定作業の中断を発表した[110]。その後、中国国務院は、新しい原子力プロジェクトの敷地選定に先立つ公聴会開催の義務化を発令した[111]。

　福島事故の結果、中国の民衆は原子力に関して敏感になっており、中国政府は、チェルノブイリ事故の後、ソ連の不安定化をもたらすのに一役買ったような反原発運動が中国で起きることを心配している。

　増殖炉・再処理プログラムが実際の経済的な成功も、将来の成功の展望もないにもかかわらず生き延びているのはなぜだろうか。関連の研究開発関係者が他に生き残り戦略を持たず、また、彼らに資金を提供している強力な官僚機構が自分たちの誤りを認めたくないからだろう。しかし、回収不能の埋没コストを増やし続けると、失敗を認めることがますます難しくなる。米国の歴代の大統領が同じように、戦争に「負ける」という汚名の受け入れを嫌がったことが、米軍のベトナムからの撤退になぜあれほど時間がかかってしまったかについての有力な説明とされている[112]。

　日本では、強大な力を持つ経済産業省が再処理プログラムを維持し、原子力発電所を持つ電力会社に再処理を強制し続けている。ロシアの政府所有の原子力複合企業ロスアトム社は、同国の非採掘産業として唯一、世界的競争力を持つ。ロスアトムは、ロシア政府の資金援助の下、開発途上国に軽水炉を輸出している[113]。

　フランスには、原子力産業に対する膨大な過去の投資があり、その世界第2位の原子力発電容量は、同国の電力の70パーセントを生み出している。その原子炉は老朽化してきており、原子炉建設・核燃料サイクル産業は大きな経済的問題を抱えているが[114]、フランスの原子力産業は今も政治的に非常に大きな影響力を持つ。

　1998年に行った5個の核爆発装置実験で初めて核兵器保有国となったことを認めたインドでは、核兵器推進体制派と原子力推進体制派が、今も、大きな政治力を持つ一つの機関——エネルギー省——の中で団結している。

　そして、中国では、政府所有の「中国核工業総公司（CNNC）」は、発電用

軽水炉の建設で成功を収め、大きな力を持つ。

　これらの5カ国のどれも、再処理の決定を市場に任せてはいない。米国は1980年代にこれを市場に委ね、米国の電力会社は再処理のコストを払いたくないとの決断を下した。英国は2005年に同じことをし、同じ結果となった。政府所有の「英国核燃料公社（BNLF）」の倒産を阻止せず、BNFLの遺産を処理する「原子力廃止措置機関（NDA）」を設立した後のことである。ドイツの話は、もう少し複雑である。ドイツによる増殖炉及び再処理の拒絶は、原子力全体を拒絶する過程の一端だったからである。

　中印ロの三国は、その増殖炉プログラムを研究開発プログラムとして維持しているに過ぎない。これらの国々は、向こう数十年のうちに魔法のように出現すると国内の増殖炉推進派が期待し続けている何十基、そして、何百基もの増殖炉建設には投資していない。

　この意味では、継続中の高速中性子炉プログラムは、これらの国々の多くとドイツ及び米国が何十年も維持してきた核融合プログラムとよく似ている。

　しかし、核融合研究開発と増殖炉研究開発の間には相違点がある。後者が再処理の正当化に使われ、その結果、核兵器の製造に使える分離済みプルトニウムの量が膨大になり、増え続けているという点である。

原注

1　2001年、コジェマはフラマトム（フランスの原子炉メーカー）と合併して、アレバ社となった。2018年、アレバは財政難のため、原子炉建設事業をフランス電力（EDF）に売却し、元々コジェマだった部分が新しい名前「オラノ」の下で再登場した。"Orano," Wikipedia, https://en.wikipedia.org/wiki/Orano.

2　Alan J. Kuperman, "MOX in the Netherlands: Plutonium as a Liability," in *Plutonium for Energy? Explaining the Global Decline in MOX*, ed. Alan J. Kuperman, Nuclear Proliferation Prevention Project, University of Texas at Austin, 2018, http://sites.utexas.edu/prp-mox-2018/downloads/.

3　International Atomic Energy Agency, "Communication Received from Certain Member States Concerning Their Policies Regarding the Management of Plutonium", https://www.iaea.org/publications/documents/infcircs/communication-received-certain-member-states-concerning-their-policies-regarding-management-plutonium）．このURLは、次の両方にリンクしている。一つは、1997年に9カ国がそれぞれの民生用プルトニウムのストックの管理に関して合意した新しい方針についての説明をIAEAに伝えたもの、もう一つは、これらの9カ国の民生用未照射プルトニウムのストックに関するその後の年次報告である。このサイトは、今後、"Management of Plutonium"として引用する。このサイトにおける個々の文書の引用では、年月日その他の文献情報を提供している。

4 International Atomic Energy Agency, "Management of Plutonium," INFCIRC/549, 16 March 1998, https://www.iaea.org/sites/default/files/infcirc549.pdf.

5 ASN (Autorité de sûreté nucléaire, France's Nuclear Safety Authority) , "Programme Act No. 2006-739 of 28 June 2006 on the Sustainable Management of Radioactive Materials and Wastes," Article 3.1, http://www.french-nuclear-safety.fr/References/ Regulations/Programme-Act-No.-2006-739-of-28-June-2006.

6 Sylvestre Pivet, "Concept and Future Perspective on ASTRID Project in France" (presentation at the Symposium on Present Status and Future Perspective for Reducing of Radioactive Wastes, Tokyo, 17 February 2016) , 20, https://www.jaea.go.jp/ news/symposium/RRW2016/shiryo/e06.pdf.

7 V. le Billon, "Nucléaire: le réacteur du futur Astrid en suspens [Nuclear: Astrid, the reactor of the future, is suspended] ," *Les Echos*, 30 January 2018, https://www.lesechos. fr/industrie-services/energie-environnement/0301218315000-nucleaire-le-reacteur-du-futur-astrid-en-suspens-2149214.php.

8 ニコラ・ドゥヴィクトール「フランスのナトリウム冷却高速炉 (SFR) シミュレーションプログラム」、経済産業省高速炉開発会議戦略ワーキンググループ (第10回) 参考資料1、2018年6月1日。https://www.meti.go.jp/committee/kenkyukai/energy/fr/senryaku_wg/pdf/010_s01_00.pdf.

9 "France cancels ASTRID fast reactor project," *Nuclear Engineering International*, 2 September 2019, https://www.neimagazine.com/news/newsfrance-cancels-astrid-fast-reactor-project-7394432.

10 ASN, "Avis no. 2013-AV-0187 de l'Autorité de sûreté nucléaire du 4 juillet 2013 sur la transmutation des éléments radioactifs à vie longue [Opinion no. 2013-AV-0187 of the Nuclear Safety Authority of 4 July 2013 on Transmutation of Long-Lived Radioactive Elements] ," 16 July 2013, https://www.asn.fr/Reglementer/Bulletin-officiel-de-l-ASN/ Installations-nucleaires/Avis/Avis-n-2013-AV-0187-de-l-ASN-du-4-juillet-2013 ; IRSN (Institut de radioprotection et de sûreté nucléaire, France's Institute for Radiological Protection and Nuclear Safety) , "Avis de l'IRSN sur le Plan national de gestion des matières et des déchets radioactifs—Etudes relatives aux perspertives industrielles de séparation et de transmutation des éléments radioactifs à vie longue [IRSN's Opinion on the National Plan for the Management of Radioactive Materials and Waste—Studies on Proposed Industrial Separation and Transmutation of Long-Lived Radioactive Elements] ," 22 July 2013, https://www.irsn.fr/FR/expertise/avis/2012/Pages/Avis-IRSN-2012-00363-PNGMRD.aspx#.XA-bQS3Mwq8.

11 National Research Council, *Nuclear Wastes: Technologies for Separations and Transmutation* (Washington, DC: National Academy Press, 1996) , 3, https://doi. org/10.17226/4912.

12 以下に示されたコスト。Boston Consulting Group, *Economic Assessment of Used Nuclear Fuel Management in the United States*, 2006, Fig. 8, http://image-src.bcg.com/Images/ BCG_Economic_Assessment_of_Used_Nuclear_Fuel_Management_in_the_US_Jul_06_ tcm9-132990.pdf.

13 Emmanuel Jarry, "Crisis for Areva's La Hague Plant as Clients Shun Nuclear," Reuters, 6 May 2015, https://www.reuters.com/article/us-france-areva-la-hague/crisis-for-arevas-la-hague-plant-as-clients-shun-nuclear-idUSKBN0NR0CY20150506.

14 この研究は、二つのシナリオを検討している。一つは、フランスの使用済み低濃縮ウラン

（LEU）燃料の67％が再処理され、回収されたプルトニウムはMOXとしてリサイクルされると
いうもの。もう一つは、低濃縮ウラン燃料が全く再処理されないもの。Jean-Michel Charpin,
Benjamin Dessus, and René Pellat, *Economic Forecast Study of the Nuclear Power
Option*, 2000, Appendix 1, fissilematerials.org/library/cha00.pdf.　再処理なしのシナリオで
は、追加的に必要となるLEU燃料は4300トンで、そのコストは330億フランだった。再処理シ
ナリオでは、4800トンのMOX燃料が製造され、そのコストは、再処理費用も含め、1770億フ
ランだった。従って、双方のコストは、7700フラン/kgLEUと3万6900フラン/kgMOXだっ
た。

15　ASN, *Sixth National Report on Compliance with Joint Convention Obligations*（つまり、
「使用済燃料及び放射性廃棄物の安全に関する条約」の下での義務に関するフランスの順守状態）,
2017, 35, http://www.enerwebwatch.eu/joint-convention-t42.html.

16　ASN, *Joint Convention on the Safety of Spent fuel Management and on the Safety of
Radioactive Waste Management: First National Report on the Implementation by France
of the Obligations of the Convention*, 2003, 9, http://www.french-nuclear-safety.fr/Media/
Files/1st-national-report.

17　「プルトニウム管理指針」の下でのフランスのIAEAへの年次報告書に基づく。 International
Atomic Energy Agency, "Management of Plutonium."

18　International Panel on Fissile Materials, *Plutonium Separation in Nuclear Power
Programs: Status, Problems, and Prospects of Civilian Reprocessing Around the World*,
2015, 36–38, http://fissilematerials.org/library/rr14.pdf.

19　International Atomic Energy Agency, "Management of Plutonium."

20　OECD Nuclear Energy Agency, *Plutonium Fuel: An Assessment*（Paris: Organisation for
Economic Co-operation and Development, 1989）Table 12, https://www.oecd-nea.org/ndd/
reports/1989/nea6519-plutonium-fuel.pdf.

21　Paul Brown, "UK's Dream Is Now Its Nuclear Nightmare," Climate News Network,
14 December 2018, https://climatenewsnetwork.net/uks-dream-is-now-its-nuclear-
nightmare/.

22　第一世代のマグノックス炉は、「原子力廃止措置機関（NDA）」の管轄となった。最後のマグ
ノックス炉は2015年に閉鎖された。"Magnox," Wikipedia, https://en.wikipedia.org/wiki/
Magnox#Decommissioning.

23　"Windscale Fire," Wikipedia, https://en.wikipedia.org/wiki/Windscale_fire.

24　International Panel on Fissile Materials, *Global Fissile Material Report 2010: Balancing
the Books: Production and Stocks*, 2010, Table 5.6, http://fissilematerials.org/library/
gfmr10.pdf.

25　"End of an Era," *Nuclear Engineering International*, 29 April 2016, https://www.
neimagazine.com/features/featureend-of-era-4879554.

26　AGRの燃料は、THORPの初期「ベースロード」計画の下で再処理される全燃料の約30％を占
めていた。7000トンのうちの2158トンである。Martin Forwood, *The Legacy of Reprocessing
in the United Kingdom*, International Panel on Fissile Materials, 2008, 9, http://
fissilematerials.org/library/rr05.pdf.

27　William Walker, *Nuclear Entrapment: THORP and the Politics of Commitment*（London:
Institute for Public Policy Research, 1999）（ウィリアム・ウォーカー［鈴木真奈美訳］『核の
軛─英国はなぜ核燃料再処理から逃れられなかったのか』七つ森書館、2006年）。

28　John Gibbons, draft letter to the Right Honourable William Waldegrave, chancellor of
the Duchy of Lancaster and minister of public service and science, 9 November 1993,

http://fissilematerials.org/library/usg93.pdf.

29 International Panel on Fissile Materials, *Endress Trouble : Britain's Thermal Oxide Reprocessing Plant*, (THORP) 2019, fissilematavials.org/publications/2019/12/endless_trouble_britains.html.

30 Nuclear Decommissioning Authority, "Oxide Fuels: Preferred Option," June 2012, https://assets.publishing.service.gov.uk/government/uploads/system/uploads/attachment_data/file/457789/Oxide_fuels_preferred_options.pdf.

31 Nuclear Decommissioning Authority, "End of Reprocessing at Thorp Signals New Era for Sellafield," 16 November 2018, https://www.gov.uk/government/news/end-of-reprocessing-at-thorp-signals-new-era-for-sellafield ; Cumbrians Opposed to a Radioactive Environment, "Sellafield's THORP Reprocessing Plant—An Epitaph: 'Never Did What It Said on the Tin,'" 12 November 2018, http://corecumbria.co.uk/news/sellafields-thorp-reprocessing-plant-an-epitaph-never-did-what-it-said-on-the-tin/.

32 Nuclear Decommissioning Authority, "End of Reprocessing."

33 Nuclear Decommissioning Authority, "Business Plan: 1 April 2018 to 31 March 2021," March 2018, 24, https://assets. publishing.service.gov.uk/government/uploads/system/uploads/attachment_data/file/695245/NDA_Business_Plan_2018_to_2021.pdf.

34 International Atomic Energy Agency, "Management of Plutonium."

35 Parliamentary Office of Science and Technology, Houses of Parliament, "Managing the UK Plutonium Stockpile," Postnote no. 531, September 2016, https://researchbriefings.parliament.uk/ResearchBriefing/Summary/POST-PN-0531?utm_source=directory&utm_medium=website&utm_campaign=PN531#fullreport.

36 Brian Brady, "Revealed: £2bn Cost of Failed Sellafield Plant," *The Independent*, 9 June 2013, https://www.independent.co.uk/news/uk/politics/revealed-2bn-cost-of-failed-sellafield-plant-8650779.html.

37 W. Neal Mann, "MOX in the UK: Innovation but Troubled Production" in Kuperman, *Plutonium for Energy?* 108–110.

38 Pearl Marshall, "Chubu to Be First Japanese Company to Have SMP Fabricate Its MOX Fuel," *NuclearFuel*, 17 May 2010.

39 Nuclear Decommissioning Authority, "NDA Statement on Future of the Sellafield Mox Plant," 3 August 2011, https://www.gov.uk/government/news/nda-statement-on-future-of-the-sellafield-mox-plant.

40 Office of Atomic Energy Policy, Cabinet Office, Japan, "*The Status Report of Plutonium Management in Japan—2018*," 30 July 2019, http://www.aec.go.jp/jicst/NC/iinkai/teirei/3-3set_20190730.pdf.

41 UK Department of Energy and Climate Change, "Management of the UK's Plutonium Stocks: A Consultation Response on the Long-Term Management of UK-Owned Separated Civil Plutonium," 2011, paragraph 1.8 and chapter 6, http://www.decc.gov.uk/assets/decc/Consultations/plutonium-stocks/3694-govt-resp-mgmt-of-uk-plutonium-stocks.pdf.

42 マーティン・フォーウッドから田窪への私信、2018年7月28日。「海外プルトニウムの英国所有への移譲」として、以下に掲載。「プルトニウム削減の第一歩は再処理工場運転放棄」。核情報、2018年, http://kakujoho.net/npt/cap_pujp.html.

43 「プルトニウム 日英が初協議　削減へ足並み」『日経新聞』、2018年11月21日。https://r.nikkei.com/article/DGKKZO37986140Q8A121C1EE8000.

44 Nuclear Decommissioning Authority, "Progress on Approaches to the Management of Separated Plutonium," 2014, https://assets.publishing.service.gov.uk/government/uploads/system/uploads/attachment_data/file/457874/Progress_on_approaches_to_the_management_of_separated_plutonium_position_paper_January_2014.pdf.

45 Cumbrians Opposed to a Radioactive Environment, "New-Build Reactor Delays Put Sellafield's Plutonium Decision on the Back Burner," 28 April 2016, http://corecumbria.co.uk/briefings/new-build-reactor-delays-put-sellafields-plutonium-decision-on-the-back-burner/.

46 National Audit Office, *The Nuclear Decommissioning Authority: Progress with Reducing Risk at Sellafield*, 20 June 2018, 4, https://www.nao.org.uk/wp-content/uploads/2018/06/The-Nuclear-Decommissioning-Authority-progress-with-reducing-risk-at-Sellafield.pdf. しかし、2018年現在、NDAは、THORPの廃止措置コストはその総額に37億ポンドしか寄与しないと見積もっている。Martin Forwood, "Sellafield's THORP Reprocessing Plant Shut Down," 18 November 2018, http://fissilematerials.org/blog/2018/11/sellafields_thorp_reproce.html.

47 International Atomic Energy Agency, "Management of Plutonium."

48 英国保管の日本保有分離済みプルトニウム22トンは、この段階では日本にまだ公式に割り当てられていない0.6トンが含まれる。内閣府原子力政策担当室『我が国のプルトニウム管理状況』、2019年7月30日（以降、『管理状況2018』と略記）。http://www.aec.go.jp/jicst/NC/iinkai/teirei/siryo2019/siryo28/05.pdf.

49 内閣府原子力政策担当室、『管理状況2018』。

50 実際の設計能力は、軽水炉の使用済み燃料を年間800トン処理するというもので、重量は元々含まれていたウランの量を示す。使用済み燃料にはプルトニウムが約1％含まれる。

51 長崎に投下された原爆には、ほぼ純粋なプルトニウム239が6.1kg含まれていた。"Memorandum from General L.R. Groves to the US Secretary of War, 18 July 1945"（以下に収録。Martin J. Sherwin, *A World Destroyed* (New York: Alfred A. Knopf, 1975), 308-315)（マーティン・シャーウィン［加藤幹雄訳］『破滅への道程――原爆と第二次世界大戦』TBSブリタニカ、1978年）。IAEAは、製造過程のロスも含め、第一世代の原爆を作るのに必要なプルトニウムの量を8kgと想定している。International Atomic Energy Agency, "Safeguards Glossary," 2001, 23, https://www.iaea.org/sites/default/files/iaea_safeguards_glossary.pdf（IAEA［財団法人核物質管理センター訳］『保障措置用語集 ［2001年版]』、2015年）

52 次の文書に挙げられている日本側の六ヶ所再処理工場の費用見積もり。National Research Council, *Nuclear Wastes,* 419。日本語の文献では、原子力委員会『(1996年版) 原子力白書』、1996年12月。http://www.aec.go.jp/jicst/NC/about/hakusho/wp1996/sb1020601.htm.

53 近藤俊介原子力委員会委員長（当時）のインタビュー。「近藤駿介氏に聞く」『日本原子力学会誌』Vol. 48, No. 1（2006）, http://www.aesj.or.jp/kaishi/2006/kantou/1.pdf; 日本原子力委員会会合（2017年10月3日）における岡芳明委員長の発言。原子力委員会「2017年第34回原子力委員会定例会議議事録」。http://www.aec.go.jp/jicst/NC/iinkai/teirei/siryo2017/siryo34/siryo4.pdf.

54 Masafumi Takubo, "Wake Up, Stop Dreaming: Reassessing Japan's Reprocessing Program," *Nonproliferation Review* 15, no. 1 (2008) : 71-94, https://doi.org/10.1080/10736700701852928.

55 Tatsujiro Suzuki and Masa Takubo, "Japan's New Law on Funding Plutonium Reprocessing," *IPFM Blog*, 26 May 2016, http://fissilematerials.org/blog/2016/05/japans_new_law_on_funding.html.

56 Takubo, "Wake Up, Stop Dreaming."

57 "Nuclear Energy and Its Fuel Cycle in Japan: Closing the Circle," Japan National Report, *IAEA Bulletin*, 1993, no. 3, https://www.iaea.org/sites/default/files/35304893437. pdf. プルトニウムの量は、核分裂性80 〜 90トンとして示されている。われわれは、1.5を乗じて全プルトニウム量を算出した。日本原子力委員会の報告書のさらなる詳細と参考文献については次を参照。「過去のプルトニウム需給予測はどうなっていたのか」、核情報、2005年。http://kakujoho.net/mox/mox.html#id16.

58 日本原子力委員会「原子力の研究、開発及び利用に関する長期計画（1961〜2010年）」。http://www.aec.go.jp/jicst/NC/tyoki/tyoki_back.htm.

59 "NRA Deems JAEA Unfit to Operate FBR Monju," Japan Atomic Industrial Forum, *Atoms in Japan*, 5 November 2015, https://www.jaif.or.jp/en/nra-deems-jaea-unfit-to-operate-fbr-monju/.

60 "Gov't Set to Continue Nuclear Fuel Cycle Project despite Monju Closure," *Mainichi Shimbun*, 22 December 2016, https://mainichi.jp/english/articles/20161222/p2a/00m/0na/014000c.

61 「高速炉開発会議」を構成するのは以下の5人である。経産産業省の大臣、日本原子力研究開発機関（JAEA）の資金を出す文部科学省の大臣、電気事業連合会の会長、もんじゅを運転する資質がないとの原子力規制委員会の宣告を受けたJAEAの理事長、もんじゅの主要機器の製造会社である三菱重工業の社長。

62 経済産業省資源エネルギー庁「戦略ロードマップ（骨子）」、2018年12月3日、http://www.meti.go.jp/shingikai/energy_environment/kosokuro_kaihatsu/kosokuro_kaihatsu_wg/pdf/015_01_00.pdf ; "Ministry Sees Monju Successor Reactor Running by Mid-Century," *Asahi Shimbun*, 4 December 2018, http://www.asahi.com/agq/articles/AJ201812040047. html.

63 Adrian Cho, "Proposed DOE Test Reactor Sparks Controversy," *Science*, 6 July 2018, 15, https://doi.org/10.1126/science.361.6397.15.

64 Federation of Electric Power Companies of Japan, "MOX Utilization Approach Promises Big Dividends," *Power Line*, July 1999, http://www.fepc.or.jp/english/library/power_line/detail/05/02.html ; Federation of Electric Power Companies of Japan, "Plans for the Utilization of Plutonium to Be Recovered at the Rokkasho Reprocessing Plant（RRP）, FY2010," 17 September 2010, https://www.fepc.or.jp/english/news/plans/icsFiles/afieldfile/2010/09/17/plu_keikaku_E_1.pdf. 表は、「核分裂性プルトニウム」（つまり、Pu-239+Pu-241）の合計トン数を5.5 〜 6.5としている。われわれは、これに1.5を乗じて「全プルトニウム量」を算出した。これは、日本の毎年のプルトニウム保有量報告（例えば日本原子力委員会事務局の内閣府原子力政策担当室の『管理状況（2017年)』）にある全プルトニウムと核分裂性プルトニウムの割合に基づくものである。

65 International Atomic Energy Agency, "Management of Plutonium."

66 原子力委員会「原子力政策大綱」、2015年10月11日、37ページ。 http://www.aec.go.jp/jicst/NC/tyoki/taikou/kettei/siryo1.pdf（Japan Atomic Energy Commission, "Framework for Nuclear Energy Policy," Tokyo, 2005, 33, www.aec.go.jp/jicst/NC/tyoki/taikou/kettei/eng_ver.pdf）.

67 根拠として使われているのは、1998年7月29日に青森県及び六ヶ所村と日本原燃株式会社が電気事業連合会の立会いのもとに締結した覚書。原発立地自治体などは関与していない。青森県「青森県の原子力行政」、2020年3月13日（更新）、資料23。https://www.pref.aomori.lg.jp/soshiki/energy/g-richi/files/23_siryou_2019gyousei.pdf.

68 「規制委員長『転がしておくのが安全』」『福井新聞』、2018年12月12日。

69 Masafumi Takubo and Frank N. von Hippel, "An Alternative to the Continued Accumulation of Separated Plutonium in Japan: Dry Cask Storage of Spent Fuel," *Journal for Peace and Nuclear Disarmament* 1, no. 2 (2018), https://www.tandfonline.com/doi/full/10.1080/25751654.2018.1527886.

70 Yuka Obayashi and Aaron Sheldrick, "Japan Pledges to Cut Plutonium Stocks amid Growing Concern from Neighbors," Reuters, 31 July 2018, https://www.reuters.com/article/us-japan-nuclear-plutonium/japan-pledges-to-cut-plutonium-stocks-amid-growing-concern-from-neighbors-idUSKBN1KL0I4.

71 原子力委員会「日本のプルトニウム利用について【解説】」、2017年10月3日。http://www.aec.go.jp/jicst/NC/about/kettei/kettei171003.pdf.

72 カーター政権の文書類は、米国がこの混合処理は効果的な核不拡散措置ではないと理解していたことを示している；Jimmy Carter Library, National Security Affairs—Brzezinski Materials, Country File (Table 6), "Japan 8/77," Box 40, http://kakujoho.net/npt/JCarterLib.pdf.（これらの文書類に関しては、次を参照。「六ヶ所再処理工場の製品で核兵器ができることを示す米国文書——1977年日米再処理交渉関係カーター図書館文書類」、核情報、2011年4月4日。http://kakujoho.net/npt/crtr1977.html）

73 田中伸男「東京電力は原発を大政奉還せよ！とはいえ、原子力は安全保障、国防上の理由からも必要である」『日本原子力学会誌』、2018年、259–260ページ。https://www.jstage.jst.go.jp/article/jaesjb/60/5/60_259/_article/-char/ja/.

74 Michelle Ye Hee Lee, "More Than Ever, South Koreans Want Their Own Nuclear Weapons," *Washington Post*, 13 September 2017, https://www.washingtonpost.com/news/worldviews/wp/2017/09/13/most-south-koreans-dont-think-the-north-will-start-a-war-but-they-still-want-their-own-nuclear-weapons/?utm_term=.7591df4a432a.

75 Thomas B. Cochran, Robert S. Norris, and Oleg A. Bukharin, *Making the Russian Bomb: From Stalin to Yeltsin* (Boulder, CO: Westview Press, 1995), 83.

76 International Panel on Fissile Materials, "Reprocessing Plant at Mayak to Begin Reprocessing of VVER-1000 Fuel," *IPFM Blog*, 19 December 2016, http://fissilematerials.org/blog/2016/12/reprocessing_plant_at_may.html.

77 International Atomic Energy Agency, "Management of Plutonium."

78 Cochran, Norris, and Bukharin, *Making the Russian Bomb*, 154.

79 International Panel on Fissile Materials, *Plutonium Separation*, 81.

80 International Panel on Fissile Materials, "Test Run of a New Reprocessing Plant in Zheleznogorsk," *IPFM Blog*, 2 June 2018, http://fissilematerials.org/blog/2018/06/test_run_of_a_new_reproce.html.

81 International Panel on Fissile Materials, "Second Pilot Reprocessing Line in Zheleznogorsk," *IPFM Blog*, 2 June 2018, http://fissilematerials.org/blog/2018/06/second_pilot_reprocessing.html.

82 カザフスタンのカスピ海沿岸に位置するBN-350は、1973年から99年まで運転された。ロシアのウラル地方のベロヤルスクにあるBN-600は1980年に運転を開始し、2018年にはまだ運転されていた。International Atomic Energy Agency, "PRIS (Power Reactor Information System): The Database on Nuclear Power Reactors," https://pris.iaea.org/pris/.

83 A.E. Kuznetsov et al., "The BN-800 with MOX Fuel" (paper presented at the International Conference on Fast Reactors and Related Fuel Cycles, Yekaterinburg, Russia, 26–29 June 2017), https://media.superevent.com/documents/20170620/11795dbfabe998cf38da0ea16b6c3181/fr17-405.pdf.

84 International Panel on Fissile Materials, "2000 Plutonium Management and Disposition Agreement as Amended by the 2010 Protocol," 13 April 2010, http://fissilematerials.org/library/2010/04/2000_plutonium_management_and_.html.

85 Rosatom, "Modern Reactors of Russian Design," https://www.rosatom.ru/en/rosatom-group/engineering-and-construction/modern-reactors-of-russian-design/.

86 Moritz Kütt, Friederike Frieß, and Matthias Englert, "Plutonium Disposition in the BN-800 Fast Reactor: An Assessment of Plutonium Isotopics and Breeding," *Science & Global Security* 22 (2014): 188–208, http://scienceandglobalsecurity.org/archive/sgs22kutt.pdf.

87 US Department of Energy, *FY 2015 Congressional Budget Request* (March 2014), Volumes 1, 5, https://www.energy.gov/sites/prod/files/2014/04/f14/Volume%201%20NNSA.pdf.

88 International Panel on Fissile Materials, "Russia Suspends Implementation of Plutonium Disposition Agreement," *IPFM Blog*, 3 October 2016, http://fissilematerials.org/blog/2016/10/russia_suspends_implement.html.

89 Colin Demarest, "NNSA Document Details One Year of MOX Termination Work," *Aiken Standard*, 22 October 2018, https://www.aikenstandard.com/news/nnsa-document-details-one-year-of-mox-termination-work/article_bb8051c4-d39f-11e8-9db9-ef482a88134c.html.

90 National Academies of Sciences, Engineering, and Medicine, *Disposal of Surplus Plutonium at the Waste Isolation Pilot Plant: Interim Report* (Washington, DC: National Academies Press, 2018), https://www.nap.edu/catalog/25272/disposal-of-surplus-plutonium-at-the-waste-isolation-pilot-plant.

91 OECD Nuclear Energy Agency, *Plutonium Fuel*, Table 12.

92 Thérèse Delpech, director of strategic studies, CEA, personal communication to Frank von Hippel, 11 September 1995.

93 Memorandum from Oppenheimer to Farrell and Parsons, 23 July 1945, Top Secret；Manhattan Engineering District Papers, Box 14, Folder 2, Record Group 77, Modern Military Records, National Archives, Washington, DC. Declassified in 1974, quoted in Albert Wohlstetter, "Spreading the Bomb without Quite Breaking the Rules," *Foreign Policy*, no. 25 (Winter 1976), 88-94, 145-179.

94 J. Carson Mark, "Explosive Properties of Reactor-Grade Plutonium," *Science & Global Security* 4 (1993): 111–128, http://scienceandglobalsecurity.org/archive/sgs04mark.pdf. ここで挙げている数字は、マークの表３からとったもので、「原子炉級」プルトニウムの中性子放出率は、長崎に投下された原爆に使われた「スーパー・グレード」プルトニウム（プルトニウム240の含有率２％）の場合の20倍となるとの想定に基づいている。この放出率は、「原子炉級」プルトニウムが燃焼度43MWt・日/kgUの使用済み低濃縮ウラン燃料から得られた場合に相当する。この燃焼度だと各同位体の含有率は次のようになる。Pu-238が2%、Pu-240が24%、Pu-242が6%である。OECD Nuclear Energy Agency, *Plutonium Fuel*, Table 9.

95 US Department of Energy, *Nonproliferation and Arms Control Assessment of Weapons-Usable Fissile Material Storage and Excess Plutonium Disposition Alternatives*, DOE/NN-0007, 1997, 37–39, https://digital.library.unt.edu/ark:/67531/metadc674794/m1/1/high_res_d/425259.pdf.

96 Upton Sinclair, "I, Candidate for Governor, and How I Got Licked," *Oakland Tribune*, 11 December 1934, https://quoteinvestigator.com/2017/11/30/salary/.

97 Nuclear Decommissioning Authority, *Business Plan, 1 April 2018 to 31 March 2021,* March 2018, 24, https://assets.publishing.service.gov.uk/government/uploads/system/uploads/attachment_data/file/695245/NDA_Business_Plan_2018_to_2021.pdf.

98 "More Problems for Japan's Rokkasho Reprocessing Plant," *Nuclear Engineering International,* 4 September 2018, https://www.neimagazine.com/news/newsmore-problems-for-japans-rokkasho-reprocessing-plant-6732845.

99 "Russia Postpones BN-1200 in Order to Improve Fuel Design," *World Nuclear News,* 16 April 2015, http://www.world-nuclear-news.org/NN-Russia-postpones-BN-1200-in-order-to-improve-fuel-design-16041502.html.

100 Anatoli Diakov and Pavel Podvig, "Construction of Russia's BN-1200 fast-neutron reactor delayed until 2030s, 20 August 2019, http://fissilematerials.org/blog/2019/08/the_construction_of_the_b.html；Nuclear Engineering International, Russia defers BN-1200 until after 2035, 2 January 2020, https://www.neimagazine.com/news/newsrussia-defers-bn-1200-until-after-2035-7581968.

101 Pradeep Kumar, "Kalpakkam Fast Breeder Test Reactor Achieves 30 MW Power Production," *Times of India,* 27 March 2018, https://timesofindia.indiatimes.com/city/chennai/kalpakkamfast-breeder-test-reactor-achieves-30-mw-power-production/articleshow/63480884.cms.

102 M.V. Ramana and J.Y. Suchitra, "Slow and Stunted: Plutonium Accounting and the Growth of Fast Breeder Reactors in India," *Energy Policy* 37（2009）: 5028-5036.

103 International Atomic Energy Agency, "PRIS."

104 "China Begins Building Pilot Fast Reactor," *World Nuclear News,* 29 December 2017, http://www.world-nuclear-news.org/NN-China-begins-building-pilot-fast-reactor-2912174.html.

105 「プルトニウム管理指針」の下での中国のIAEAへの年次報告（INFCIRC549）に基づく。International Atomic Energy Agency, "Management of Plutonium."を参照。

106 Gu Zhongmao, China Institute of Atomic Energy, "Safe and Secured Management of Spent Fuel in China," 16th Beijing Seminar on International Security, Shenzhen, China, 17 October 2019.

107 Hui Zhang, *China's Fissile Material Production and Stockpile,* International Panel on Fissile Materials, 2017, p. 34 and Fig. 7, http://fissilematerials.org/library/rr17.pdf.

108 Matthew Bunn and Hui Zhang, *The Cost of Reprocessing in China,* Harvard, Kennedy School, 2016, 1, https://www.belfercenter.org/sites/default/files/legacy/files/The%20Cost%20of%20Reprocessing.pdf.

109 David Stanway and Geert De Clercq, "So Close Yet So Far: China Deal Elusive for France's Areva," Reuters, 11 January 2018, https://www.reuters.com/article/us-areva-china-nuclearpower-analysis/so-close-yet-so-far-china-deal-elusive-for-frances-areva-idUSKBN1F01RJ.

110 Chris Buckley, "Thousands in Eastern Chinese City Protest Nuclear Waste Project," *New York Times,* 8 August 2016, https://www.nytimes.com/2016/08/09/world/asia/china-nuclear-waste-protest-lianyungang.html.

111 Peter Fairley, "China Is Losing Its Taste for Nuclear Power," *Technology Review,* 12 December 2018, https://www.technologyreview.com/s/612564/chinas-losing-its-taste-for-nuclear-power-thats-bad-news/.

112 Leslie H. Gelb, "Vietnam: The System Worked," *Foreign Policy,* no. 3（Summer 1971）,

140-167.

113 "Russia Leads the World at Nuclear-Reactor Exports," *Economist*, 7 August 2018, https://www.economist.com/graphic-detail/2018/08/07/russia-leads-the-world-at-nuclear-reactor-exports.

114 Andrew Ward and David Keohane, "The French Stress Test for Nuclear Power," *Financial Times*, 17 May 2018.

第5章　実際よりずっと深刻な福島事故の可能性
稠密貯蔵状態の使用済み燃料プールでの火災

　前章で議論したのは、高速増殖炉の夢が破れたにもかかわらず再処理を続けた結果もたらされた悪夢だった。すなわち、何万発もの核兵器に相当する分離済みプルトニウムの蓄積である。増殖炉の夢が破れたことに関連したもう一つ悪夢として、原子力の安全性に関わるものがある。使用済み燃料プールにおける火災の危険である。再処理計画の多くがキャンセルされたり遅れたりした結果、使用済み燃料の搬出先がなくなってしまった。これが、使用済み燃料プールの稠密化（デンス・パッキング）をもたらした。この結果、プール火災が起きると、それによって生じる汚染のため、福島事故の場合の100倍に至る地域からの住民の避難が必要となる可能性がある。本章では、稠密貯蔵のプールの危険性に焦点を当てる。次章で焦点を当てるのは、再処理と稠密貯蔵プールの両方の代替策、すなわち、乾式貯蔵である。

　軽水炉（LWR）は、世界の原子力発電容量の約90パーセントを占める。今日の軽水炉の約70パーセントは、1960年代から70年代にかけて設計されたものである[1]。これらの炉の使用済み燃料プールは、ほとんどすべてが、使用済み燃料は数年の冷却の後、再処理工場に送られて、増殖炉の初期装荷燃料用にプルトニウムが回収されるとの前提の下に設計されている。したがって、その炉の1炉心あるいは2炉心分の量の使用済み燃料をラック（収納棚）に収める設計になっている。

　しかし、使用済み燃料プールのラック貯蔵のこのようなアプローチを現在も固守しているのは、フランスだけである。2013年末現在、フランスの原子炉の使用済み燃料プールには、平均して1炉心分以下の燃料しか入っていなかった[2]。原子力発電所を抱えるフランスの発電会社「フランス電力（EDF）」は、使用済み燃料の貯蔵量を増やせるようにと、稠密化のための「リラッキング」（燃料ラックの改造による稠密配置）の許可を仏「原子力安全局（ASN）」に求めたのだが、この要請は2013年に安全性上の理由から却下された[3]。

図 5.1　稠密貯蔵前と後

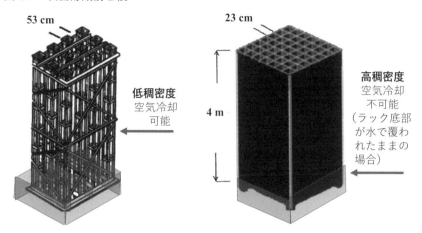

53 cm

23 cm

低稠密度
空気冷却
可能

高稠密度
空気冷却
不可能
（ラック底部
が水で覆わ
れたままの
場合）

4 m

米国の加圧水型原子炉の使用済み燃料プールにおける元々のオープン・ラック（左）と現在の稠密貯蔵ラック（右）。オープン・ラックの場合、燃料が露出状態になって危険なレベルに加熱し始めると、冷却効果を持つ空気が側面から流入し温度上昇を低減することができる。稠密貯蔵ラックでは、中性子吸収効果のある「壁」——隣接する稠密貯蔵の燃料集合体間で連鎖反応が起きるのを防ぐために必要——で燃料集合体を囲っているために、このような水平方向の空気の流入が不可能となる。ラックの底部分より下まで水位が低下した場合に初めて、集合体の下にあるラックの穴から空気が流入することができる（Science & Global Security[7]）。

　原子力発電所を持つほとんどの国は現在、使用済み燃料の搬出先となる集中型の中間貯蔵施設、地層処分場、再処理工場などを持っていない。例えば米国では、原子力発電所の運転期間全体を通して炉から取り出されたほとんどすべての使用済み燃料が敷地内にとどまっている。この使用済み燃料に対処するために米国の原子力発電所を持つ電力会社は、最初はプールのラックの間隔を詰めて貯蔵の密度を上げた。最終的には、その密度はほとんど運転中の原子炉の炉心のようになった。連鎖反応を防ぐために、使用済み燃料集合体は、中性子吸収材の壁で囲まれた箱の中に収められた（図5.1）。その結果、米国のプールは、平均して、7炉心分を収容できるようになっている[4]。私たちは、このようなリラッキングを施したプールを「デンス・パック（稠密貯蔵）」プールと呼ぶ。図5.2は、米国の稠密貯蔵プールを示している。

　国内における商業規模の再処理工場の運転開始が四半世紀に亘って遅れ続けている日本でも、原子炉の使用済み燃料プールのリラッキングが進められ、

図 5.2　米国の稠密ラック貯蔵プール

すべてのスペースが貯蔵に使用されているのではない。原子炉の圧力容器を空にして検査や修理を行うために、現在原子炉内にある炉心を取り出すことが必要になった場合に備えてのことである。なお、ラックを入れない場所（ここでは示されていない）があって、使用済み燃料を乾式貯蔵に移すための燃料移送キャニスター用に維持されている（US Nuclear Regulatory Commission [8]）。

運転段階にある炉では、平均6炉心が収容できるようになっている。2020年末現在、平均して約4炉心分が収容されている。多いところでは、高浜3・4号、大飯3・4号、伊方3号、川内1号が約8〜9炉心分を貯蔵している[5]。

　韓国も、使用済み燃料プールでのリラッキングによる稠密貯蔵を行っている。2017年末現在、1995年以前に運転開始となった発電用軽水炉のプールは、平均して7.4炉心相当を収納している。1985年と1986年に運転を開始した古里3号及び古里4号のプールは、それぞれ12炉心分以上を収納している[6]。

　最終的には、原子炉の運転開始から20〜30年後、リラッキングにより稠密貯蔵にしたプールでさえ満杯になると、毎回の燃料交換時に、新しく取り出した使用済み燃料用のスペースを作るため、最も冷却期間の長い使用済み燃料をプールから出さなければならなくなる。

　ほとんどの国では、冷却プールから出された燃料は、空冷式の乾式貯蔵キャスクに移される。稠密貯蔵ラックを使って乾式貯蔵への移送を遅らせると、電力会社はキャスク用の支出を遅らせることができる。また、稠密貯蔵後は、何十年間もの冷却の結果、使用済み燃料の発熱量が下がっているため、キャスク当たりの燃料集合体装荷数を多くしても、キャスク中央部の燃料の温度が基準値以上に上がらないようにすることができる。

図 5.3 福島第一 4 号機使用済み燃料プールの水位

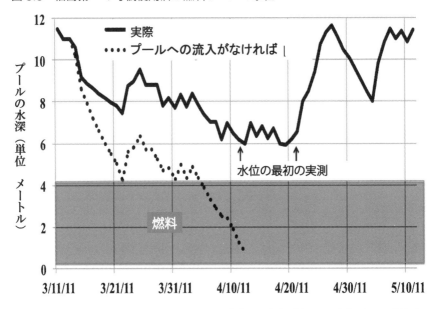

2011年3月11日から2カ月間の変動を示してある。実線は、東京電力による再現である。点線は、隣接する原子炉ウェルからの水の漏入がなかったとした場合の水位を計算したものである（図5.4）。この場合、使用済み燃料はほぼ全長に亘って露出し、燃料の上端は4月12日ごろ（水位の直接の観察が初めて可能となった時点）発火点に到達していたと考えられる。実際にはプールの水は4月20日以降、補充されていくが、それまでのいくつかの急上昇は、図5.5にあるコンクリート・ポンプ車「キリン」による注水の結果である（National Academies of Sciences, Engineering, and Medicineより改変[10]）。

5.1 使用済み燃料プールにおける火災の懸念

　使用済み燃料プールの壁は、厚さ1メートル以上の鉄筋コンクリート製で、溶接した鋼板で内張がしてある。極端な激変的現象——近くでの強力な地震、100トンのキャスクの落下、大型航空機の墜落、成形炸薬弾によるテロ行為など——があった場合にのみ、非常用給水源から大容量ポンプでくみ上げて注入しても相殺できないような漏れが発生しうる[9]。

　東京電力の福島第一原子力発電所のプールは、2011年3月の地震後、漏れを起こさなかった。しかし、3基の炉心溶融のため、使用済み燃料プール付

図 5.4 福島第一 4 号機プールの水の流入源

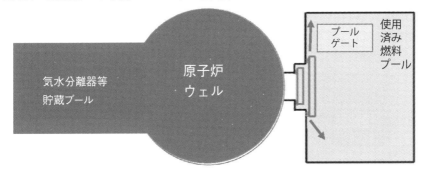

気水分離器等
貯蔵プール

原子炉
ウェル

プール
ゲート

使用
済み
燃料
プール

4号機の圧力容器の上に位置する原子炉ウェルは、水で満たされていた。ウェルと使用済み燃料プールの間の水路を通って圧力容器内の燃料をプールの方に、水面下で移動するためである。その後水路はゲートで閉ざされたが、原子炉の水を排水する計画が、圧力容器内部での水面下の作業の遅れのために、予定通りに実行されていなかったのである。プール内の水の蒸発のため、プールの水位が原子炉ウェルの水位より下がった結果、原子炉ウェルの水圧の方が高まり、水がゲートの周囲を通ってプールに流れ込むことになった（TEPCO[11]）。

近の放射能汚染がひどく、プールは長期間に亘ってアクセス不能となり、その間、蒸発によって水位が下がっていった。その結果、4号機のプールの水位は、使用済み燃料が露出する寸前まで低下した（図5.3及び5.4）。

　4号機のプール内には、圧力容器内での作業ができるようにするために炉心から一時的な予定で取り出された燃料集合体が置かれていた。米国「原子力規制委員会（NRC）」のためにシミュレーションを行う米国エネルギー省（DOE）サンディア国立研究所のグループの計算によると、4号機のプールの燃料が露出していれば、これらの燃料集合体の放射性発熱のために、燃料棒のジルカロイ（ジルコニウム合金）被覆管の温度は摂氏1000度以上に達していただろうという。

　この温度になると、ジルカロイ被覆材のジルコニウムは、プール内に残っている水から生じた水蒸気の中で $Zr + H_2O \rightarrow ZrO + H_2$ 反応による急速な酸化を始める。この反応は水素ガスとさらなる熱を放出する。これがフィードバックして反応を加速させる。まもなく、被覆管は損傷し、燃料中の揮発性の核分裂生成物がプールの上の空気中に放出されることになる。

　4号機の燃料プールの位置していた建屋上部の屋根と壁は、隣接する3号

図 5.5　2011 年 3 月 15 日の水素爆発の後の福島第一 4 号機建屋

当初、水素が発生したのは、4 号機内で高温に達した使用済み燃料の被覆材と水蒸気が反応した結果だと考えられた。これは、原子炉のプール内の使用済み燃料の露出を意味することになる。しかし、その後、3 号機の炉心で水蒸気とジルコニウムが反応して生みだされた水素が、共用の排気システムを通して 4 号機の原子炉建屋に入ってきた、との結論が出された。右側に見えるブーム（腕）を持つコンクリート・ポンプ車「キリン」は、プールに水を追加するのに使われた。水素爆発によって原子炉建屋が損傷していたため、プールにおける使用済み燃料火災で放射性物質放出が生じていれば、それは全くさえぎられることなく大気中に出ていくことになっていただろう（TEPCO[13]）。

機の炉心溶融で生じた水素が流入してきたために起きた水素爆発によってすでに破壊されていた（図5.5）。したがって、プール火災で放出された揮発性の核分裂生成物はすべて、プール内に存在していた膨大な量のセシウム 137 のほぼ全量を含め、外の大気中に出ていっただろうと考えられる[12]。

5.2　セシウム 137 による地表の汚染

セシウム 137 は、1986 年のチェルノブイリ事故と 2011 年の福島事故でそれぞれ風下地帯の約 10 万人の長期的避難をもたらした放射性核分裂生成物で

ある。半減期30年、強力な地表汚染物質である。なぜなら、その放射性崩壊の95パーセントが透過力の強いガンマ線（高エネルギーのエックス線）の放出を伴うからである[14]。

　福島第一4号機のプールには、炉心を取り囲むステンレス製の円筒型構造物「シュラウド」の取り換えのために10週間前に原子炉から取り出したばかりの炉心1体分の燃料が入っていた[15]。プールには、さらに、それより古い炉心1体分相当強の燃料が入っていた。したがって、4号機のプールのセシウム137の総量は、炉心溶融前の1号、2号、3号の炉心を合計した量にほぼ相当した[16]。

　幸運なことに、これらの3基の炉心にあったセシウム137のうち、大気中に放出されたのは1〜3パーセントだけだった。原子炉を囲む巨大な鉄筋コンクリートの格納容器は、漏れを起こしたが、破裂はしなかった。ベクレル（Bq）——1秒当たりの放射性壊変——で表すと、セシウム137の推定放出量は、6〜20ペタベクレル（PBq = 10^{15} Bq = 千兆Bq）だった[17]。

　チェルノブイリ事故の後、原子炉から半径30キロメートルの避難地域に加えて、平方メートル当たり約1.5メガベクレル（1.5 MBq/㎡）を超えるセシウム137に汚染された地域からの避難が義務付けられた（メガ = 10^6 = 百万）（この汚染レベルでは、1平方メートルの土地から、毎秒1.5百万個のセシウム137の原子が崩壊しガンマ線を放出する）。これより低い汚染レベルの地域では、下限は0.5 MBq/㎡の汚染地域まで、厳格な放射線被ばく線量管理措置が講じられることになった。それにもかかわらず、これらの「放射線管理」地域の住民は、相当の割合で自主的に避難した。ウクライナでは、これらの地域からの避難が強制された[18]。福島でも、当初の半径20キロメートル避難地域に加えて、1.5 MBq/㎡に類似した基準が使われた[19]。

　プール火災が4号機で起きて、プール内にあった総量900PBqのセシウム137が放出されていれば、それは、1〜3号機の炉心溶融から実際に大気中に放出された6〜20PBqの約100倍の量に達するところだった。

　図5.6は、福島事故の実際の汚染地域と、地震から1カ月以内に発生した二つの天候条件の下で4号機のプール火災が起きていた場合に想定される汚染地域を比較したものである。中央の図は、使用済み燃料プール火災が2011年4月9日に始まった場合の汚染地域の計算結果を示している。この日

図 5.6　福島第一の 2011 年の事故による汚染地域と、仮想使用済み燃料プール
　　　　火災による汚染地域

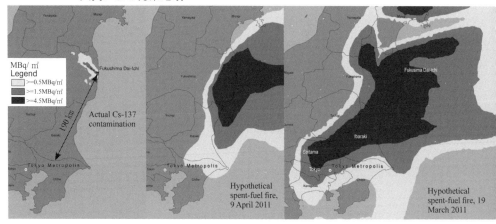

中央は2011年4月9日に、右は3月19日に火災発生と想定。濃い灰色と黒は、強制避難の閾値の
1.5 MBq/㎡を超える汚染と、4.5 MBq/㎡を超える汚染を意味する。実際の汚染状況を示す左の
図の190kmは福島第一から首都圏までの距離を示す（Michael Schoeppner[27]）。

は、卓越風が東に向かって吹いており、セシウム137のほとんどは海に吸収
されていただろう。右側の図は、最悪ケースの汚染に近いものを示している。
2011年3月19日に放出が始まった場合で、風は北から海岸線を東京の方に向
かって吹いていた。強制避難の汚染レベルは、濃い灰色と黒で、放射線管理
の汚染レベルはごく薄い灰色で示してある。

　濃い灰色は、1.5 ～ 4.5 MBq/㎡のレベルの汚染地域を示している。福島県
では、数年間の除染作業の後、一部の地域では線量率が3分の1程度に低下
した[20]。これは、濃い灰色の地域を1.5 MBq/㎡以下のレベルまで除染するの
が可能であることを意味している。そうなれば、避難住民の帰郷の早期化を
実現できることになる。

　ごく薄い灰色は、1986年のチェルノブイリ事故の後、厳格な放射線被ばく
管理措置をもたらしたレベル0.5 MBq/㎡ ～ 1.5 MBq/㎡を示している。こ
の事故の場合は、これらの管理措置にもかかわらず、1995年までに元の人口
の27万3000人のうち約12万3000人が避難した[21]。

　福島県では、事故後14カ月以内に約16万5000人が避難した。2018年12月
現在、4万3000人がまだ政府提供の仮説住宅に住んでいた[22]。このうち、2

万1000人は放射線レベルが下がって帰郷してもよいということになっている除染地域からの人々だった[23]。4万3000人に加え、2万6000人の自主避難者がいた。自主避難者に対する住宅支援は2017年3月に停止された[24]。

　2011年4月9日に起きたような海の方に吹く風（図5.6　中央）は、福島県では一般的なものである。これは、事故の影響を低減するが、仮想使用済み燃料火災では放出量が膨大なため、それでも約100万人の避難が必要となっただろう。

　2011年3月19日に起きたように風が南の方に吹いていれば、約3000万人──日本の人口の約4分の1──が、首都圏の一部を含む地域から避難しなければならなくなっていただろう[25]。人口のこのような大きな部分の避難がもたらす膨大な経済的影響を考えれば、避難措置の基準となる汚染レベルを上げることの是非について苦渋の議論が巻き起こっていたかもしれない。

　米国では、環境保護庁のマニュアル「放射性事象のための防護アクション・ガイド及び計画指針」が、汚染地帯に戻るかどうかの決定は、影響を受けた集団に委ねるとしている。

　　　これらの決定の暗黙の前提としてあるのは、健康保護と、地域社会の
　　　通常の生活を再開したいという希望との間のバランスをとる能力である。
　　　放射線防護の面での検討事項は、健康、環境、経済、社会、心理、文化、
　　　倫理、政治、その他の面での検討事項と合わせて考慮されなければなら
　　　ない[26]。

　しかし、チェルノブイリの事故の後、世論の圧力は、通常の生活に戻るという観点から放射線防護基準を弱めるのではなく、強化の方向に働いたようである。ウクライナでは、強制的避難の基準は、当初の1.5 MBq/㎡から0.56 MBq/㎡へと強化された[28]。福島事故の後には、年間20ミリシーベルト（ほぼ1.5 MBq/㎡に相当）の避難閾値が高すぎるか否かについて国内外で議論があった[29]。そして、学校周辺での放射能レベルを低減するために追加的措置を取るよう要求する世論があった[30]。

　2011年3月11日の地震と津波の後、福島第一の3基の原子炉が炉心溶融を起こし、三つの原子炉建屋の上部が水素爆発により破壊された際、菅直人

首相は、原子力委員会の近藤駿介委員長——著名な元原子力工学教授——に、状況はどれほど悪くなりうるのか尋ねた。近藤委員長の答えは、4号機のプールでは使用済み燃料火災がありえ、もし、そのセシウム137が大気中に放出されれば、風下の汚染レベルは、170キロメートルまでが1.5 MBq/㎡以上に、そして、250キロメートルまでが0.5 MBq/㎡以上になりうるというものだった[31]。これは、図5.6の1番左の地図の右側に示されている私たちの計算結果に符合する。東京の北側の人口密集地帯と東京の中心部は、それぞれ、福島第一の南方約100キロメートルと225キロメートルに位置する。

　幸い、この悪夢のシナリオは現実ものとならなかったが、この恐怖体験は日本における使用済み燃料についての考え方に影響をもたらした。2012年9月19日、福島事故後に設立された原子力規制委員会の田中俊一初代委員長は、就任記者会見で、次のように述べた。「強制冷却が必要でないような燃料については乾式容器に入れて保管すると。それを管理していく……5年くらいは水冷却をする必要があります……そういうことをするように求めていきたいと思います[32]」。

　これは、命令ではなく、要請の形態をとったが、原子力発電所を抱える日本の市町村や県の多くが敷地内乾式貯蔵施設の建設受け入れに向かって動いている[33]。

5.3　米国における規制の検討

　2011年の福島第一の事故のずっと前から、米国原子力規制委員会（NRC）を支援する米国国立研究所の技術的研究グループの間で、稠密貯蔵プールにおける使用済み燃料火災の可能性が懸念されていた。しかし、NRCの規制スタッフは、このような事故の確率は規制措置の導入に値するような高さのものではないとの結論を繰り返し出していた[34]。

　2001年9月11日のテロ攻撃の後、米国議会は、「米国科学アカデミー（NAS）」による独立の研究を要請した。2006年に発表されたその報告書は、米国内の一つひとつの原発における破壊活動に対する脆弱性についてNRCが検討することを提言し、その検討結果によっては、NRCが「一部の商業用原子力発電所のプールでは、テロリスト攻撃の潜在的影響を低減するために、

使用済み燃料の乾式貯蔵への早期移動が賢明だとの決定に至ることがありうるだろう[35]」と述べている。

　2011年の福島事故の後、NRCは、福島の「教訓」についての研究を行った。その中には、5年間のプール冷却の後、空冷式の乾式貯蔵への「迅速移行」に関する規制措置の可能性についての公式な検討が含まれていた。日本の原子力規制委員会の田中委員長が日本で奨励していた案である。2013年、NRCのスタッフは、迅速移行の「費用・便益」分析を発表した。

　2006年の「米国科学アカデミー（NAS）」報告書で表明された懸念にもかかわらず、NRCのスタッフによる分析は、使用済み燃料プールに対するテロの脅威は存在しないと想定した。しかし、この分析の結果、プール内の使用済み燃料の量を減らすという措置には、大きなメリットがあることが判明した。プール内のジルカロイ被覆材の量が少ないと、それだけ、冷却水喪失事故の際に発生する水素の量が少なくなるというものである。このような事故に関してNRCが選択したシナリオに関するコンピューター・シミュレーションの結果によると、古くなった燃料がプールから除去されていれば、プールの上の水素濃度は10パーセントという爆発限界には達しないのである。つまり、プールを覆っている建屋は破壊されずにすみ、燃料から放出されたセシウム137のほとんどは、内側の表面に凝縮・沈着することになる。このため、大気中に放出されるセシウム137の量は稠密貯蔵プールの火災の場合と比べ、98パーセント以上減少することになり（平均1600PBq から23PBqへの低下）、以下に見るように、事故の影響もそれに応じて減少する[36]。

　米国の稠密貯蔵使用済み燃料プールでの火災における水素爆発でプール上方の建物が破壊された場合について、NRCのスタッフは、3万平方キロメートルの地帯から平均350万人の避難が必要になるとの結果を得た[37]。

　一方、プール内の燃料の量が、原子炉から取り出された最近5年間のものだけに減らされると、建屋が破損せず、その結果、避難地帯と避難人口は約100分の1に減少することになるとスタッフの計算結果は示していた。

　だが、スタッフは、この劇的な研究結果を一般の人々が簡単に入手できるような形では発表しなかった[38]。発表したのは、不明確な費用・便益分析だけで、その結論は次のようなものだった。使用済み燃料を5年間のプール冷却の後、乾式貯蔵キャスクに移すのにプール当たり約5000万ドル（約55億円）

かかると見積もられるが、それは、事故の影響の低減によって公衆が得る確率荷重便益を上回る。

　しかし、この結論は、いくつもの間違った非現実的想定をすることによって得られたものだった。そのうちの一つについては先に言及した。テロリストによる攻撃の成功確率はゼロというものである。他の三つの想定は、使用済み燃料プール火災による潜在的な経済的損失について甚だしい過小評価をもたらしていた[39]。

(1)　50マイル（80キロメートル）を超える事故の影響は、事故の影響に関する計算におけるNRCの標準的想定に従って除去された。小規模の事故では、避難地帯が50マイルを超えて広がるとは考えない。福島事故の避難地域は、大体、風下約30マイル（48キロメートル）までだった。しかし、図5.6から分かる通り、そして、下に示す他のシナリオからも分かる通り、稠密貯蔵使用済み燃料プールの火災からの膨大な量の放出による避難地帯は、風下数百キロメートルにも及びうる。

(2)　また、「事故影響評価計算」におけるNRCの標準的な想定に従い、スタッフは、セシウム137の汚染レベルは、1年以内に15分の1に低減できると想定した。しかし、ニューヨーク市の近くにあるインディアン・ポイント原子力発電所での原子炉仮想事故の「影響評価計算」でこの想定を使ったことについてニューヨーク州政府の弁護士に聞かれた際、スタッフは、この想定の根拠を提示することができなかった[40]。上述の通り、福島で達成できた広範な地域の汚染の低減は、最大が3分の1で、これには5年間かかっている[41]。NRCの除染達成期間についての想定だけを変え、それ以外はNRCの損失算出方法に従って計算すると、避難期間が4年を超えた場合、住民避難コストと放棄された土地・建物の利用喪失のコストの合計は、元々の土地・建物の価値を超えるとの結果が得られた[42]。つまり、この時点で——NRCによれば——避難者に対し、1人当たり20万ドル（約2200万円）（土地・建物の価格）を払って、新しい生活の地を探すようにと言った方が安くなるということである。

(3)　本書の著者の1人（フォンヒッペル）は、福島後にNRCによる見直しの結論について独立した検証を行うようにという米国議会の依頼に応じて

図5.7　米国サリー原子力発電所における使用済み燃料プール火災の避難地域

2015年2月1日　　　2015年4月1日

2015年9月1日

1600PBqのセシウム137の放出を想定（米国の様々な稠密貯蔵プールにおける火災に関してNRCが想定した放出量の平均）。避難地域はそれぞれ、2015年2月1日（左上）、4月1日（右上）、9月1日（左下）に始まった放出に関して計算されたもの。これらは、2015年の各月の最初の日に始まった仮想放出事故の中で、それぞれ、最大、平均、最小の避難人口をもたらした日である（Michael Schoeppner[44]）。

　NASが組織した委員会のメンバーだった。NASによる検証は4年に渡ったが、NRCのスタッフがその費用・便益研究において想定した強制避難の閾値が、福島及びチェルノブイリ周辺住民に対して実際に使われ、米国環境保護庁も推奨している1.5 MBq/㎡の3倍の4.5 MBq/㎡だったことをフォンヒッペルが知ったのは、検証が終わった後のことだった。避難の閾値を1.5 MBq/㎡にしてNRCの計算をし直すと、避難を必要とする住民数の平均は、350万から820万に増えた。算出された住民数の値の「範囲（レンジ）」は、風向きにより、120万〜4150万だった（表5.1）。

表5.1　米国サリー原子力発電所における仮想使用済み燃料プール火災による避難人口・面積

	避難人口 (単位：100万)	避難面積 (単位：平方km)
NRCスタッフ：高密度プール 避難閾値 4.5 MBq/㎡	3.5 (1.3 – 8.7)	30,000 (13,000 – 47,000)
著者らの再計算：避難のセシウム137汚染閾値　1.5 MBq/㎡		
高密度プール	8.2 (1.2 – 41.5)	44,000 (10,000 – 83,000)
低密度プール	0.14 (0 – 0.4)	900 (0 – 3,200)

上段は、NRCのスタッフが想定したように4.5 MBq/㎡のセシウム137の汚染を避難の閾値にした場合。下段は、避難の閾値を1.5 MBq/㎡に修正して、高密度プールと低密度プールについて計算したもので、それぞれ1600PBq及び23PBqを放出と想定。1.5 MBq/㎡を閾値とした場合の平均値は、サリー原子力発電所に関して、2015年の毎月最初の日に始まる放出について計算した。12の異なる日の結果の「範囲」については、括弧内に示してある[45]。

　NRCのスタッフによる分析のこれら三つの誤りを訂正しただけで、NRCの費用・便益分析の結論は覆る[43]。ただし、結果はそれでも、非常に不確かなものとなる。NRCのスタッフが想定した使用済み燃料プール火災の確率の不確実性と、個々の原発の間のばらつきのためである。

　表5.1は、NRCのスタッフによる避難指示のための汚染閾値設定の問題点と低密度プールに関する分析結果との関係を要約したものである。これから、サリー原子力発電所でのプール火災がもたらす避難人口・面積に関する分析においてNRCスタッフが使った汚染閾値が、重要な結論を見えなくしていることが分かる（サリーは、事故の影響に関する計算においてNRCが使っている「平均的サイト」である）。上段はNRCスタッフによる分析結果である。対象は高密度プール、閾値として使われたのは4.5 MBq/㎡である。下段は著者らによる再計算結果を示している。閾値を1.5 MBq/㎡にして高密度プールと低密度プールを比較したものである。放出規模は、高密度プールが平均1600PBq、低密度プールが平均23PBqというNRCの推定値をそのまま使用している。閾値を1.5 MBq/㎡にして再計算した下段の比較を見ると、使用済み燃料の貯蔵を高密度から低密度に変えることによって、避難人口・面積が劇的に縮小することが分かる。下段の再計算で示されている「平均値」と（　）内の「範囲」は、サリー原子力発電所で2015年の毎月最初の日に仮想事故の放出が始まったとして、その日の実際の気象データを当てはめて計算した結果に基づいている。図5.7は、それらの日のうちの三つを例にとって汚染地域を示している。

図5.8　韓国の古里原子力発電所における仮想使用済み燃料プール火災による避
　　　難地域

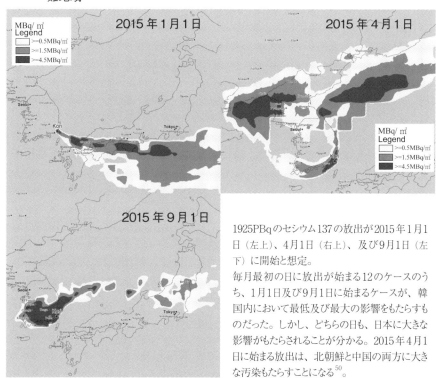

1925PBqのセシウム137の放出が2015年1月1
日（左上）、4月1日（右上）、及び9月1日（左
下）に開始と想定。

毎月最初の日に放出が始まる12のケースのう
ち、1月1日及び9月1日に始まるケースが、韓
国内において最低及び最大の影響をもたらすも
のだった。しかし、どちらの日も、日本に大きな
影響がもたらされることが分かる。2015年4月1
日に始まる放出は、北朝鮮と中国の両方に大き
な汚染もたらすことになる[50]。

5.4　韓国における使用済み燃料プール火災の影響予測

　私たちはまた、韓国の南東部の海岸地帯に位置する古里原子力発電所にお
ける仮想使用済み燃料プール火災の影響に関する評価も行った。2015年末現
在、韓国で運転中の発電用軽水炉の20基の使用済み燃料プールには、平均
して340トンの使用済み燃料が置かれていた[46]。韓国第二の都市、釜山の近
くにある古里発電所は、韓国の最も古い軽水炉を有しており、運転期間の長
さのため、その4基の原子炉のプールは超稠密貯蔵状態にあって、それぞれ
約600トンの使用済み燃料を収納していた。私たちは、古里3号機の使用済
み燃料プール内のセシウム137の放射能を約2570PBqと推定する[47]。加圧水

型原子炉の稠密貯蔵プールにおける火災から放出されるセシウム137に関する NRC のミッドレンジ（範囲の中央）推定値は、75パーセントである[48]。古里3号のプールにおける火災の場合、これは、約1925PBqの放出に相当する。

　古里原子力発電所からのこの規模の仮想放出が2015年の毎月最初の日に始まると想定された。その結果生じる避難地帯を計算するに当たっては、実際の気象データが使われた[49]。

　図5.8は古里3号機のプールにおける火災が2015年の1月1日、4月1日、9月1日に起きた場合の結果を示している。これらのケースは、この地域における使用済み燃料プール火災は、隣接する国々でも大きな影響をもたらしうること示している。これはまた、ヨーロッパにおける使用済み燃料プール火災についても言えることである。

　表5.2は、古里3号機の仮想使用済み燃料プール火災による放出が2015年の各月の実際の気象条件の下で起きた場合に推定される韓国及び近隣諸国における平均及び最大避難面積・人口を示している。韓国にとっての影響について言うと、計算された平均及び最大避難面積は、それぞれ、8000及び5万1000平方キロメートルである。避難人口は、それぞれ、約400万人と2100万人である。古里原発は韓国の南東部の海岸線に位置し、卓越風が日本に向かって吹いているため、日本における平均及び最大の影響は、韓国におけるものに匹敵する。また、計算によると、2015年4月1日に始まる火災の場合、気象条件は北朝鮮と中国に大きな影響をもたらすものだった。

表5.2　韓国の古里原子力発電所における仮想使用済み燃料プール火災による避難人口・面積

国名	避難人口（100万）		避難面積（km²）	
	平均	最大	平均	最大
韓国	4.2	21	8,000	51,000
北朝鮮	0.9	11	4,000	51,000
日本	7.8	27	22,000	58,000
中国	0.7	8	2,000	23,000

2015年の毎月最初の日に放出が始まると想定し、気象条件は実際のものを使った[51]。

　本章で議論した日本、米国、韓国における稠密貯蔵使用済み燃料プールの仮想火災事故がもたらしうる結果は、各国の再処理に関する政策にかかわら

ず、使用済み燃料を早期に乾式貯蔵キャスクに移すことの重要性を劇的に示
している。
　乾式貯蔵については、6章で検討する。

原注
1　2017年に運転中の原子炉の70％は、1990年より前に運転を開始している。"Operational
Reactors by Age" in International Atomic Energy Agency, "PRIS（Power Reactor
Information System）: The Database on Nuclear Power Reactors," https://www.iaea.
org/PRIS/WorldStatistics/OperationalByAge.aspx.
2　2013年末現在、フランスの58基の発電用原子炉の炉心には、5010トンの燃料が入っており、
その使用済み燃料プールには4150トンの使用済み燃料入っていた。*National Inventory of
Radioactive Materials and Waste: Synthesis Report 2015*, ANDRA（Agence nationale
pour la gestion des déchets radioactifs, France's National Agency for Radioactive Waste
Management）, 2015, 40, https://inventaire.andra.fr/sites/default/files/documents/pdf/
en/20150707_andra_-_rapport_de_synthese_uk_bd.pdf. 2013年、これらの原子炉の炉心
から1116トンの使用済み燃料が取り出された。　International Panel on Fissile Materials,
*Plutonium Separation in Nuclear Power Programs: Status, Problems, and Prospects
of Civilian Reprocessing Around the World*, 2015, Table 3.1, http://fissilematerials.org/
library/rr14.pdf.
3　Pierre-Franck Chevet, president of ASN, letter to the president of EDF, "Programme
générique proposé par EDF pour la poursuite du fonctionnement des réacteurs
en exploitation au-delà de leur quatrième réexamen de sûreté [Generic program
proposed by EDF for the continued operation of operating reactors beyond their fourth
safety review]," CODEP-DCN-2013-013464, 28 June 2013, http://gazettenucleaire.
org/2013/269p12.html.
4　US Nuclear Regulatory Commission, *Staff Evaluation and Recommendation for Japan
Lessons-Learned Tier 3 Issue on Expedited Transfer of Spent Fuel*, 12 November 2013,
COMSECY-13-0030, Table 72, https://www.nrc.gov/docs/ML1334/ML13346A739.pdf.
5　過密貯蔵の進む日本の原発と乾式貯蔵。核情報、2021年　http://kakujoho.net/npp/sfp-j.
html.
6　2017年末現在の使用済み燃料貯蔵状況については、次を参照。Korea Hydro and Nuclear
Power, "Status of Spent Fuel Stored（as of the end of 2017）," 8 January 2018（in
Korean）, http://cms.khnp.co.kr/board/BRD_000179/boardView.do?pageIndex=1&boardS
eq=66352&mnCd=FN051304& schPageUnit=10&searchCondition=0&searchKeyword=.古
里1号の炉心には44トンのウランが入っている。古里2号は50トン。ハンビッ（霊光）3号及び
4号はそれぞれ73トン。古里3号及び4号、ハンビッ（霊光）1号及び2号、ハヌル（蔚珍）1号
及び2号は、それぞれ76トン。Korean Nuclear Society, Korean Radioactive Waste Society,
and Green Korea 21, "Alternatives and Roadmap for Spent Fuel Management in South
Korea," 19 August 2011（in Korean）, Table 3.2.
7　Robert Alvarez et al., "Reducing the Hazards from Stored Spent Power-Reactor Fuel
in the United States," *Science & Global Security*, 11（2003）: 1-51, Fig. 7, https://
scienceandglobalsecurity.org/archive/sgs11alvarez.pdf.
8　US Nuclear Regulatory Commission, https://www.nrc.gov/images/waste/spent-fuel-

storage.jpg.

9 US Nuclear Regulatory Commission, *Expedited Transfer*, Tables 42 and 43；National Research Council, *Safety and Security of Commercial Spent Nuclear Fuel Storage*（Washington, DC: National Academies Press, 2006）.

10 次から改変。National Academies of Sciences, Engineering, and Medicine, *Lessons Learned from the Fukushima Nuclear Accident for Improving the Safety and Security of U.S. Nuclear Plant: Phase 2*（Washington, DC: National Academies Press, 2016）, Fig. 2.1. 4月27日頃に始まった水位の低下は、水の注入を実験的に停止した結果である。停止の目的は、それによって生じた水位低下率と、蒸発予測とを比較することだった。漏れによる相当量の追加の水喪失が発生しているか否かを調べるためである。

11 東京電力「福島原子力事故調査報告書　添付資料」、2012年、添付9-5「福島第一4号機　使用済燃料プール（SFP）の状況調査結果」、図3「プールゲートの構造」。www.tepco.co.jp/decommission/information/accident_investigation/pdf/120620j0306.pdf.

12 Randall Gauntt et al. *Fukushima Daiichi Accident Study Status as of April 2012*, Sandia National Laboratories, SAND2012-6173, 2012, Figs. 117 and 121, http://prod.sandia.gov/techlib/access-control. cgi/2012/126173.pdf.

13 "Fukushima Daiichi Nuclear Plant Hi-Res Photos," https://cryptome.org/eyeball/daiichi-npp/daiichi-photos.htm.

14 Alvarez et al. "Reducing the Hazards."

15 Citizens' Nuclear Information Center, "Mechanism of Core Shroud and its Function," n.d., http://www.cnic.jp/english/newsletter/nit92/nit92articles/nit92shroud.html.

16 原子炉の炉心内のセシウム137インベントリー（蓄積量）は、炉心内と同じ量の使用済み燃料に含まれる蓄積量の半分ほどにしか過ぎない。なぜかと言うと、炉心の燃料の燃焼度は、平均すると、使用済み燃料取り出し時の燃焼度の半分にしか達していないからである。このため、大まかに言って、メルトダウンを起こした1、2、3号機の炉心にあったのは、約1.5炉心分の使用済み燃料に相当する量のセシウム137である。4号機の炉心（臨時に使用済み燃料プールに移動されていた）には、同様に、使用済みの炉心の約半分の量のセシウム137が入っていた。従って、これとは別の古い使用済み燃料の分と合わせ、4号機の使用済み燃料プールには、やはり、約1.5炉心分の使用済み燃料に相当するセシウム137が入っていた。もっと詳細な分析では――それぞれの原子炉の燃料取替スケジュール、1号機の定格出力は、2、3、4号機の60％であるという事実、それに、セシウム137の崩壊の影響を考慮に入れた結果――事故時の1、2、3号機の炉心のセシウム137のインベントリーは698ペタベクレル（PBq）、4号機の使用済み燃料プールの方は884PBqと算出された。次を参照。西原健司・岩元大樹・須山賢也『福島第一原子力発電所の燃料組成評価』（JAEA-Data/Code 2012-018）、日本原子力研究開発機構、2012年。https://jopss.jaea.go.jp/pdfdata/JAEA-Data-Code-2012-018.pdf.

17 UN Scientific Committee on the Effects of Atomic Radiation, *UNSCEAR* 2013 *Report: Sources, Effects and Risks of Ionizing Radiation*（New York: United Nations, 2014）, para. 25, http://www.unscear.org/docs/reports/2013/13-85418_Report_2013_Annex_A.pdf.

18 チェルノブイリ事故の後、ソ連当局は、強制退去と厳格な放射能コントロールの汚染レベル閾値を、それぞれ、40キュリー/㎢（1.48 MBq/㎡）、15キュリー/㎢（0.56 MBq/㎡）と定めた。UN Scientific Committee on the Effects of Atomic Radiation, *UNSCEAR 2000 Report to the General Assembly, with Scientific Annexes: Sources and Effects of Ionizing Radiation*, Vol. 2, Annex J, "Exposures and Effects of the Chernobyl Accident"（New York: United Nations, 2000）, http://www.unscear.org/docs/publications/2000/UNSCEAR_2000_Annex-J.pdf.

19 福島では、日本政府は避難指示基準を、遮蔽のない状態における線量率にして、事故直後の1年で年間20ミリシーベルト（mSv）とした。これは、ウェザリング［降雨や風の影響］減衰効果を考慮すると、大体、1.5 MBq/㎡に相当する。 Frank N. von Hippel and Michael Schoeppner, "Economic Losses from a Fire in a Dense-Packed U.S. Spent Fuel Pool," *Science & Global Security*, 25（2017）: 80–92, endnote 10, https://doi.org/10.1080/08929882.2017.1318561.

20 Tetsuo Yasutaka and Wataru Naito, "Assessing Cost and Effectiveness of Radiation Decontamination in Fukushima Prefecture, Japan," *Journal of Environmental Radioactivity* 151（2016）: 512–520, Table 1.

21 UN Scientific Committee on the Effects of Atomic Radiation, *UNSCEAR* 2000 *Report*, Vol. 2, Annex J, "Exposures and Effects of the Chernobyl Accident," para. 108, http://www.unscear.org/docs/publications/2000/UNSCEAR_2000_Annex-J.pdf.

22 福島県「福島県復興のあゆみ概要版第24版」、2018年12月25日。https://www.pref.fukushima.lg.jp/uploaded/attachment/304370.pdf.

23 復興庁「福島復興加速への取り組み」、2018年9月28日。http://www.reconstruction.go.jp/portal/chiiki/hukkoukyoku/fukusima/material/180928_fukkokasoku_r.pdf.

24 Citizens' Nuclear Information Center, "Fukushima Evacuees Abandoned by the Government," 2 April 2018, http://www.cnic.jp/english/?p=4086；"Lifting Fukushima Evacuation Orders," *Japan Times*, 3 April 2017, https://www.japantimes.co.jp/opinion/2017/04/03/editorials/lifting-fukushima-evacuation-orders/#.WcrqakyZPYI.

25 von Hippel and Schoeppner, "Reducing the Danger."（注27参照）

26 US Environmental Protection Agency, *Protective Action Guides and Planning Guidance for Radiological Incidents*, January 2017, 69, https://www.epa.gov/sites/production/files/2017-01/documents/epa_pag_manual_final_revisions_01-11-2017_cover_disclaimer_8.pdf.

27 ミハエル・シェプナーの計算による地図。最初の発表は次の論文に。 Frank N. von Hippel and Michael Schoeppner, "Reducing the Danger from Fires in Spent Fuel Pools," *Science & Global Security* 24（2016）: 141–173, http://dx.doi.org/10.1080/08929882.2016.1235382. 避難地域の境界は1 MBq/㎡から1.5MBq/㎡に変更されている。

28 UN Development Program and UN International Children's Emergency Fund, *The Human Consequences of the Chernobyl Nuclear Accident: A Strategy for Recovery*, 25 January 2002, Table 3.1, http://chernobyl.undp.org/english/docs/strategy_for_recovery.pdf.

29 International Commission on Radiological Protection, "One Year Anniversary of the North-eastern Japan Earthquake, Tsunami and Fukushima Dai-ichi Nuclear Accident," 12 March 2012, http://www.icrp.org/docs/Fukushima%20One%20Year%20Anniversary%20Message.pdf.

30 Justin McCurry, "Fukushima Effect: Japan Schools Take Health Precautions in Radiation Zone," *The Guardian*, 1 June 2011, https://www.theguardian.com/world/2011/jun/01/fukushima effect-japan-schools-radiation.

31 菅首相用の説明スライドの英訳は次に。"Rough Description of Scenario（s）for Unexpected Situation（s）Occurring at the Fukushima Daiichi Nuclear Power Plant," 25 March 2011, http://kakujoho.net/npp/kondo.pdf. 日本語の原文は次に。http://www.asahi-net.or.jp/~pn8r-fjsk/saiakusinario.pdf.

32 原子力規制委員会「原子力規制委員会共同記者会見録」、2012年9月19日。http://warp.da.ndl.

go.jp/info:ndljp/pid/11036037/www.nsr.go.jp/data/000068514.pdf.

33 Masafumi Takubo and Frank N. von Hippel, "An Alternative to the Continued Accumulation of Separated Plutonium in Japan: Dry Cask Storage of Spent Fuel," *Journal for Peace and Nuclear Disarmament* 1, no. 2 (2018) : 281–304, https://doi.org/10.1080/25751654.2018.1527886.

34 Alvarez et al., "Reducing the Hazards."

35 National Research Council, *Safety and Security*, Finding 4E.

36 US Nuclear Regulatory Commission, *Expedited Transfer*, Tables 1, 35, and 52.

37 計算は、米国東海岸のバージニア州にあるサリー原子力発電所での事故を想定したもの。NRCは、それぞれの原発について計算をするのではなく、サリーを平均的なサイトとして扱っている。原子炉から50マイル（80km）の圏内の人口に基づくものである。

38 この分析結果は、米国議会委託による本件に関する2番目の米国科学アカデミー報告で、抜粋されて、公表された。本書の筆者の1人（フォンヒッペル）はこの研究に参加した。National Academies of Sciences, Engineering, and Medicine, *Lessons Learned* Table 7.2.

39 von Hippel and Schoeppner, "Economic Losses."

40 US Nuclear Regulatory Commission, "Memorandum and Order in the Matter of Energy Nuclear Operations, Inc. (Indian Point Nuclear Generating Units 2 and 3)," 4 May 2016, 39, https://www.nrc.gov/docs/ML1612/ML16125A150.pdf.

41 Yasutaka and Naito, "Assessing Cost and Effectiveness," Table 1.

42 von Hippel and Schoeppner, "Economic Losses."

43 von Hippel and Schoeppner, "Economic Losses."

44 地図は、ミハエル・シェプナーが次のために計算。von Hippel and Schoeppner, "Economic Losses."

45 次の文書で発表されたNRCスタッフの分析結果。National Academies of Sciences, Engineering, and Medicine, *Lessons Learned*, Table 7.2 ; 1.5 MBq/㎡を避難閾値とする計算結果は、次から。von Hippel and Schoeppner, "Economic Losses," Table 1.

46 韓国原子力振興委員会「高レベル放射性廃棄物管理の基本計画（案）」、2016年7月25日（韓国語）。トン数は、未使用燃料中の元のウランの重さを示す。

47 計算は、使用済み燃料中のウラン1kg当たり45MWt日の燃焼度に関してORGEN2コード（"ORIGEN 2.1: Isotope Generation and Depletion Code Matrix Exponential Method," Oak Ridge National Laboratory, 1996）を使って行った。これらの結果は、NRCのスタッフが次の文書で得た結果と符合する。US Nuclear Regulatory Commission, *Expedited Transfer*, 79.

48 US Nuclear Regulatory Commission, *Expedited Transfer*, Table 52.

49 S. Saha et al., "NCEP Climate Forecast System Version 2 (CFSv2) 6–Hourly Products," Research Data Archive at the National Center for Atmospheric Research, Computational and Information Systems Laboratory, 2011, http://dx.doi.org/10.5065/D61C1TXF.

50 地図の計算は、次の文書のためにミハエル・シェプナーが実施。Jungmin Kang et al. "An Analysis of a Hypothetical Release of Cesium-137 from a Spent Fuel Pool Fire at Kori-3 in South Korea," *Transactions of the American Nuclear Society* 117 (2017) : 343– 345, http://answinter.org/wp-content/2017/data/polopoly_fs/1.3880142.1507849681!/fileserver/file/822800/filename/109.pdf.

51 Kang et al. "Hypothetical Release."

Ⅲ部 | 進むべき方向

「資源活用［つまりは使用済み燃料内のウラン及びプルトニウムからエネルギーをさらに取り出すこと］が目的でないなら再処理せず［使用済み燃料を］直接処分した方がいい」

——栃山修・経済産業省地層処分技術ワーキンググループ委員長、原子力安全研究協会処分システム安全研究所 所長、2014[1]

原注
1 『論点：核のごみ　最終処分への提言』（聞き手　山田大輔）、毎日新聞、2014年05月23日

第6章　早期の乾式キャスク貯蔵
稠密貯蔵プールと再処理の両方に対するより安全な代替案

　再処理計画のキャンセルと遅延、そして、使用済み燃料の集中貯蔵及び地下処分用のサイト選定の遅延の結果、多くの国の原発所有電力会社は、発電所敷地内での使用済み燃料貯蔵容量を増大する最もコスト安の方法として使用済み燃料の稠密貯蔵を行っている。第5章で見たように、使用済み燃料の稠密貯蔵は、福島の100倍も深刻な核事故発生の可能性を生み出している。

　プールで数年冷却した使用済み燃料を敷地内乾式キャスク貯蔵に移す方が、若干高くつきはするが、ずっと安全な代替方法（オルターナティブ）ある。これは、当該国が原子力依存継続政策をとっていてもいなくても言えることである。実際、敷地内乾式貯蔵は、原子炉の廃止措置を円滑にもする。廃止措置のためには、使用済み燃料を原子炉プールから取り出さなければならないからである。

　本章では、この代替方法（敷地内乾式貯蔵）、そして、それに関連した安全性、輸送、集中貯蔵などの問題を概観する。

　軽水炉の使用済み燃料の放射性熱発生率は、核分裂停止後数日では燃料中のウラン1トン（tonU）当たりの熱出力が100キロワット（kWt）だったものが5年後には2〜4キロワットに下がる（図6.1）。使用済み燃料をプールで5年ほど冷やすと空気冷却の乾式キャスク貯蔵に移すことができるようになるのはこのためである。

　使用済み燃料中には膨大な量の放射能があることから、使用済み燃料貯蔵施設の主要な目的は、この放射能が燃料棒の金属製の燃料被覆管の中に閉じ込められたままになるよう保証することと、燃料が放出する透過性の放射線から発電所の労働者と一般公衆を守ることである。使用済み燃料プールでは、使用済み燃料を水面下数メートルに保つ。水は、被覆管を冷えた状態に保つと同時に、燃料が放出する高エネルギーの中性子とガンマ線を止める役割も果たす。しかし、水が漏れだしたり、沸騰してなくなったりすると、これら二つの防護作用が失われるとともに、前章で見たように、使用済み燃料火災

図6.1　使用済み燃料の放射性熱の時間の経緯に伴う減衰

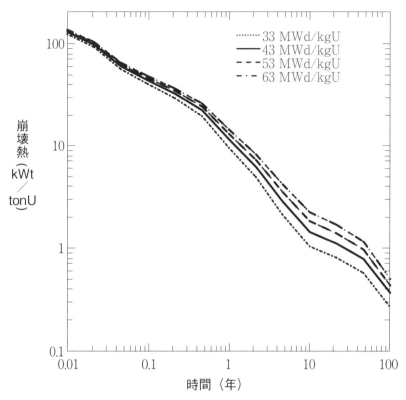

1キログラム（kgU）の燃料の「核分裂エネルギー発成」の四つのレベルに関して曲線が示されている。これらのレベルは「燃焼度（バーンアップ）」として知られる。核分裂エネルギーの累積量は、元の燃料のうち核分裂した（「燃焼」した）割合に比例するからである。今日の軽水炉の典型的な燃焼度は、燃料中のウラン1キログラム当たりの熱エネルギーで表すと、43 〜 53メガワット・日となる（43 〜 53MWd/kgU）（Science and Global Security[1]）。

が起きうる。

6.1　乾式貯蔵

　世界の原子力発電所のほとんどは、使用済み燃料が再処理されるだろうとの想定の下に設計されたものである。そのため、これらの原発では冷却プールの大きさは、使用済み燃料が数年の冷却の後、再処理工場に搬出されると

図6.2　ドイツで使われている大重量の鋳鉄製使用済み燃料貯蔵・輸送キャスク

ここに写っているのは、ドイツのデュッセルドルフにある「原子力サービス会社（GNS）」の倉庫にある
キャスクである。左のクラウス・ヤンバーグは、1980年から2000年までGNS社のCEOを務めた人物
で、再処理目的での英仏への輸送よりも安価な代替選択肢として、キャスクを使って使用済み燃料を
中間貯蔵する道を開拓した（Klaus Janberg）。

の想定に基づいて決められていた。使用済み燃料は、遮蔽機能のある空気冷
却キャスクに入れられて運び出されるとの想定だった。

　しかし、第5章で見たように、1980年代初頭、米国その他の多くの国々で
原発所有電力会社が再処理は経済的に意味をなさないと気づいた際、これら
の会社は、プール内の貯蔵密度を上げることに決めた。その結果、プールは、
炉からの取り出し量にして20〜30年分を保管できるまでに至った。その後、
なおも使用済み燃料の行く先が決まらない中、電力会社は既存のプール以外
の敷地内貯蔵容量を拡大することにした。乾式貯蔵の導入である。

　ドイツは、貯蔵目的でのキャスク使用を他に先駆けて開発した。これらの
キャスクは、元々は、使用済み燃料を英仏の再処理工場に輸送するために設
計されたものである。ドイツのキャスクは、重さ100トンの巨大な鋳鉄製で
ある（図6.2）[2]。鋳鉄部分は、使用済み燃料の放出するガンマ線のほとんどす
べてを吸収するのに充分な厚さを持っている。自発核分裂で出てくる高速中
性子——非常に分厚い金属を透過できる——は、キャスクの壁の中にホウ素
プラスチックの層を含むことで対処する。中性子は、プラスチック内の水素

図 6.3　二種類の乾式貯蔵容器

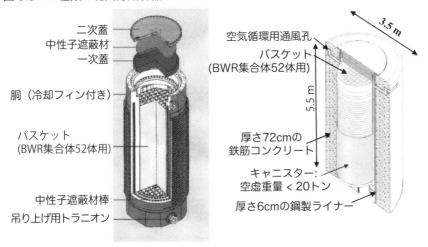

金属キャスク（一体型の鋼製あるいは鋳鉄製の容器で、中性子を捕獲するためにホウ素プラスチックが挿入してある）（左）と、コンクリート・キャスク（鉄筋コンクリートの放射線遮蔽構造物の中に入れた薄肉鋼製のキャニスター）（右）（*Science and Global Security* [4]）。

の原子核との衝突で速度を落とし、その後、ホウ素の原子核に吸収される。

　使用済み燃料の崩壊熱がトン当たり数キロワットにまで低下すると、燃料は空冷式キャスクに入れて貯蔵することができる。通常、キャスクにはヘリウムが充填される。ヘリウムは熱伝導率が高く、そのため、キャスク中央の燃料の熱を外周壁に運ぶ役割を果たす。これが、被覆管の損傷を起こしうるレベル以下に燃料の温度を保つのに役立つ。また、キャスクの周りにヘリウム探知機を置けば、キャスクに漏れが生じた場合、技術者らにこれを知らせることができる。

　キャスクの表面積は大きいので、平方メートル当たりの空冷要件は、真昼の太陽で熱せられた黒い道路表面のそれとほぼ同じである。中の燃料棒は400度未満の温度に維持される。この温度を超えると、高熱で弱くなった燃料被覆管が、ガス状の核分裂生成物による内圧の下で伸び始める[3]。

　ほとんどの国での焦点が再処理から乾式貯蔵に移っていくなか、金属キャスクよりも安価な代替選択肢が考案された。特に顕著な例は、米国である。今日米国で使われている主要な乾式貯蔵方法では、燃料集合体を薄肉鋼製容

図6.4　コンクリートで遮蔽されたキャニスターで貯蔵される米国の使用済み燃料

電気出力56万キロワット（560MWe）のコネティカット・ヤンキー原子力発電所のサイト跡。この原子炉は、1968年から96年まで運転。右端の3基（現在では5基）のコンクリート・キャスクには、原子炉容器内の放射能で汚染された構造物が入っている（発電所の唯一の残存物）。残りの40基のキャスクには、原子炉の生涯運転から取出された使用済み燃料の90パーセント以上が入っている。鉄筋コンクリートの遮蔽構造物の底部には四角い吸気口が、頂部には排気口が見える（Connecticut Yankee[10]）。

器（キャニスター）に収め、放射線遮蔽はキャニスターを取り囲む鉄筋コンクリート製の分厚い外筒（シェル）が提供する（この方式はコンクリート・キャスク貯蔵と呼ばれる）（図6.3）。コンクリートの外筒には通気口があって、冷却用の空気が、キャニスターの外表面と鉄筋コンクリートの外筒の間のスペースの底部から入るようになっている。入ってきた空気は、熱いキャニスターの外表面との接触で温められ、上昇していって上部の通気口から外に出る。空気ポンプ、つまりは動力の必要がない。このため、乾式キャスク貯蔵は——金属キャスクもコンクリート・キャスクも——「パッシブな安全性」を有する。キャニスターを遮蔽物で覆うことのデメリットは、キャニスターの亀裂や腐食の検査が難しくなることである。これは、空気中に塩分が含まれる海沿いのサイトでは特に問題である[5]。

　多数のキャニスターを巨大な遮蔽構造物の中に垂直あるいは水平にまとめ

て入れることもある。構造物の内部には、対流による空冷のための空気の通り道が設けられている[6]。

　キャニスターは、大型の「オーバーパック（容器)」に入れて輸送することができる。オーバーパックは、輸送用キャスクが提供するのと似たような遮蔽を提供する[7]。

　電気出力100万キロワット（1000メガワット（MWe)）の発電用原子炉からは、毎年約20トンの使用済み燃料が取り出される。金属製貯蔵キャスクや、放射線遮蔽構造物内に置かれたキャニスターは、それぞれ、10トンあるいはそれ以上の使用済み燃料を収納することができる。価格は1基、100万〜200万ドル（約1億〜2億円）である[8]（むつの費用について後述。)。

　図6.4が示しているように、軽水炉の使用済み燃料の生涯発生量は、1ヘクタール（100メートル四方）の土地に貯蔵することができる[9]。この程度の面積の土地は、米国の原子力発電所の周りのセキュリティー・ゾーン内に簡単に確保できる。

　韓国では、ウォルソン（月城）原子力発電所の4基の重水冷却炉（HWR）のプールが1990年代に満杯になった。これらの原子炉で使われる天然ウラン燃料は、低い「燃焼度」(ウラン1キログラム当たりの累積核分裂エネルギー放出量)で取り出される。今日の軽水炉（LWR）で使われる低濃縮ウランではキログラム当たり熱出力は約40メガワット・日（MWd/kgU）以上であるのに対し、HWRの場合、約7メガワット・日である。したがって、HWRは、発電する電力量当たり、約6倍の使用済み燃料を出す。このため、新しく取り出された燃料用のスペースを作るため、冷却の進んだ古い使用済み燃料が原子炉プールから空冷式の乾式貯蔵に移されてきた（図6.5)。2017年末現在、約6000トンのHWR使用済み燃料がウォルソンの乾式貯蔵施設に貯蔵されていた[11]。このトン数は、4基のHWRの約16年分の取り出し量に当たる。トン数だけで言うと、これは、同じ発電容量（合計約280万キロワット）のLWRの取り出し量約100年分に相当する。

　ドイツその他の一部の国々では、貯蔵キャスクは、分厚い壁を持つ建物の中に入れられている。目的は、放射線遮蔽を追加すること、そして、飛行機の墜落とテロリスト攻撃——対戦車兵器を使う可能性がある——からキャスクを守ることである[12]。ドイツの原子力発電所を持つ電力会社は、すべて、

図 6.5 韓国のウォルソン（月城）原子力発電所の使用済み燃料乾式貯蔵

キャニスターを収納した
コンクリート構造物モノリス

独立型の
キャスク

ウォルソンの
4基の
重水炉の一つ

Google Earth 18 April 2018, 35o43'58"N 129o28'28"E

左下には4基の重水冷却炉のうちの2基の円筒状の格納建屋が、そしてその後ろには関連のター
ボ発電機が見える。右上には原子炉プールで冷やされた後の使用済み燃料のための乾式貯蔵地
域がある。ウォルソンの使用済み燃料用キャニスターは、すべてが個別の放射線遮蔽物を備えてい
るわけではない。一部は、MACSTOR-400（モジュラー型空冷貯蔵-400）と呼ばれる鉄筋コンクリート
製のモノリス（一体型）構造物に収められている。モノリス1体に使用済み燃料キャニスター 40基が
収容でき、内部の空気の通り道が各キャニスターにパッシブな空冷を提供している（Google Earth, 27
March 2013, 35o43'58"N, 129o28'28"E, Atomic Energy of Canada Ltd.）。

1998年に社会党・緑の党の新しい連立政権が電力会社に対して使用済み燃料
の再処理の義務付けを廃止するとの決定を行った後、敷地内乾式貯蔵（金属
キャスク）を導入した。ドイツの原子力発電所では、キャスクは、1カ所を除
き、すべてにおいて建物の中に貯蔵されている。残る1カ所では、敷地内に
スペースがなかったため、敷地の地下にトンネルを設けてキャスクを収容し
ている（図6.6）。
　日本では、二つの電力会社——東京電力と日本原子力発電——が、青森県
の六ヶ所再処理工場に近いむつ市に共同所有の乾式貯蔵施設を建てた（図6.7）
が、施設を運転する会社の名前「リサイクル燃料貯蔵株式会社」が明確に示

図6.6　ドイツのネッカーベストハイム原子力発電所の地下の貯蔵トンネル

建設中（左）と最初のキャスク数体が入れられた状態（右）。（Wolfgang Heni[13]）

す通り、施設が貯蔵する燃料は、その中に入っているプルトニウムとウラン
をリサイクルするため再処理されることになっている。日本が再処理を放棄
してこの中間貯蔵施設を実質的に永久貯蔵施設にしてしまうことがないよう
保証するため、青森県は、六ヶ所再処理工場の運転が開始されることが明確
になるまで試験用キャスク1体の搬入も許さないと述べている[14]。

　東京電力と日本原電は、また、両社それぞれ一つの発電所で敷地内乾式貯
蔵を導入している。東京電力は、惨事を招いた福島第一原子力発電所、日本
原電は東海第二原子力発電所である。2019年初頭現在、日本の原発保有電力
会社10社のうち、さらに3社（中部、四国、九州）が敷地内乾式貯蔵の許可を
申請していて、他に4社が可能性を検討している。残った1社——保有する
三つの原子力発電所すべてが福井県にある関西電力——の場合、その原子力
発電所を受け入れている三つの自治体が敷地内乾式貯蔵の検討を支持してい
た。福井県の前知事は、乾式中間貯蔵は県外で行うことを主張していたが[15]、
その進展がないなか、2019年4月の選挙の直前、最終的に勝利した対立候補
と同じく、県外搬出までの間の貯蔵方法として、県内乾式貯蔵の検討の用意
があると表明するに至った[16]。

　2018年末現在における原子力発電所保有30カ国と台湾の状況を整理する

図6.7　リサイクル燃料貯蔵株式会社の乾式キャスク貯蔵施設

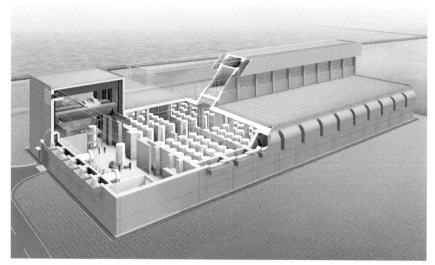

約3000トンの使用済み燃料を乾式キャスクで貯蔵する設計のこの施設は青森県にある。屋根の背びれのような部分は、建屋内部に流入した外の空気がパッシブな対流を起こしやすいようにするためのものである。暖かくなった空気が、ひれの頂部の通気口を昇って行くと、その分にとって代わるために冷たい外気が建屋の外壁頂部の通気口から吸い込まれる（リサイクル燃料貯蔵株式会社）。

と以下のとおりである。

● 21カ国と台湾がその原子力発電所敷地内貯蔵や集中貯蔵用に乾式貯蔵施設を建設したか、建設を計画[17]。
● 6カ国（ブラジル、フィンランド、スロバキア、スロベニア、南アフリカ、スウェーデン）が中間貯蔵用にプールを選択。
● フランスでは、その再処理プログラムにもかかわらず、再処理工場の巨大な受け入れプールが満杯になりつつあり、フランス電力（EDF）は、別のサイトに大型の使用済み燃料貯蔵プールを建設することを提案。しかし、議会の「原子力施設の安全性及びセキュリティーに関する特別調査委員会」は乾式貯蔵を提案した。理由は、その方が「安全で安い」ようだからというものだった[18]。
● オランダは、フランスの再処理の唯一の外国顧客となっている。オランダの小さな放射性廃棄物貯蔵施設が再処理廃棄物しか収容できない設計

図 6.8　米国の使用済み燃料のプール貯蔵と乾式貯蔵の割合の推移予測

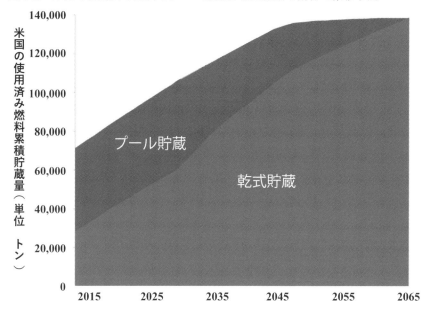

原子力発電所の廃止が進むに従い、プール貯蔵の使用済み燃料は乾式貯蔵に移されて行く (US Department of Energy[21])。

になっているからである。フランスとの複雑な再処理契約では、オランダの使用済み低濃縮ウラン燃料を再処理のためにラアーグに送り、オランダの使用済みMOX燃料を、処分のためにフランスに送るとされている。それと引き換えに、使用済みMOX燃料の中にあってフランスにとどまってしまうことになるオランダのプルトニウムの量と同じ量のプルトニウムをMOX燃料にしてオランダの原子炉で核分裂させる一方、オランダは同国からフランスに送り返された使用済みMOX燃料に含まれる核分裂生成物と同量のものを再処理廃棄物ガラス固化体の形で引き取ることになっている[19]。

● イランは、その使用済み燃料からプルトニウムを取り出すのではとの国際的懸念を緩和するため、2015年に合意された「包括的共同行動計画（JCPOA）」の一環として、使用済み燃料をプルトニウムの入ったままロシアに送ることに合意した。

表6.1　日本における容量5000トンの使用済み燃料貯蔵施設のコスト見積もり（総合エネルギー調査会原子力部会1998年中間報告）

単位　億円

費用	プール貯蔵	キャスク貯蔵
資本費	1,561	1,310
運転費	1,395	238
輸送費	41	60
合計	2,997	1,608

（注）　貯蔵施設の建設、貯蔵、貯蔵施設の解体・処分までの事業期間54年間に発生する費用の単純合計値。

プール貯蔵と乾式貯蔵の資本コストはほとんど同じだが、乾式貯蔵の運転費はずっと低いことが判明した[24]。容量3000トンの乾式貯蔵施設がむつ市に建てられていて（図6.7）、容量2000トンの第2棟の追加が計画されている。

2013年末現在、世界全体の使用済み燃料の59パーセントが原子炉の使用済み燃料貯蔵プールに、24パーセントが乾式貯蔵に、そして、13パーセントが敷地外使用済み燃料貯蔵プールに置かれていた[20]。

米国では、発電用原子炉が最終的な運転停止となると、コストに敏感な電力会社は、使用済み燃料をできるだけ早くプールから運び出して乾式貯蔵に移す。乾式貯蔵の方が、運転コストが低いからである。

毎年、使用済み燃料の年間発生量と同じ量を地下処分場で受け入れるようになるまでは、貯蔵された使用済み燃料の量は増え続ける。そして、古い原子力発電所が退役するにつれ、乾式貯蔵状態の使用済み燃料の割合も増え続ける。図6.8は、2016年におけるこの状況の予測を示したものである。米国の原子力発電所は60年の運転後閉鎖され、新しい原子力発電所の完成はないとの想定に基づくものである。

6.2　コスト面での利点

乾式貯蔵の資本コストは、原子炉の何十億ドル（何千億円）もの資本コストと比べると低い。分厚い鋼製の貯蔵キャスクと、対流による冷却方式の建屋のコストを含めても、日本のむつ市の貯蔵施設（図6.7）の約3000トンの使用済み燃料の貯蔵コストは建屋とキャスクの費用合わせて約1000億円である（3億円/10トン）。貯蔵される使用済み燃料は、電気出力100万キロワットの

発電用原子炉4基の40年分の取り出し量に相当する[22]。これから計算されるキロワット時当たりの貯蔵コストは、総発電コストの約1パーセントとなる[23]。

　同じ容量の使用済み燃料プールは、ほぼ同じ資本コストとなるが、日本の経済産業省の前身（通商産業省）のために行われた1998年の研究によると、アクティブな水冷却及び処理システムの必要、そして、これらのシステムの維持・監視の必要のため、プール貯蔵の運転コストは乾式貯蔵の約6倍になるという。

6.3　安全面の利点

　使用済み燃料貯蔵システムは、近くにいる人々を使用済み燃料から放出される透過力の強い放射線から守り、事故の際の放射性核種の放出を最小化するように設計されている。プール貯蔵の場合は、水の喪失で使用済み燃料が露出するに至ると、これらの両方の「安全機能」が損なわれる。第5章で見たように、2011年3月の東日本大地震の後の数週間、地震で福島第一原子力発電所の4号機のプールにひびが入り、水が漏れてなくなっているのではないかと危惧された。実際には漏れは起きていなかったものの、ゆっくりではあるが着実な蒸発過程によって水は失われつつあり、非常用給水の量は不十分だった。使用済み燃料プールはまた、テロリストの攻撃に対しても脆弱である。テロリストが爆発物を使ってプールに穴をあけると、注水による相殺が不可能な速度での冷却水流出が生じてしまうかもしれないのである[25]。

　これとは対照的に、使用済み燃料貯蔵キャスクは、洪水、竜巻、地震、津波、ハリケーンなどの自然災害の影響をほとんど受けない。図6.9は、福島第一原子力発電所で合計408体の燃料集合体（約70トンの使用済み燃料）を収容していた9基[26]の巨大な鋼製貯蔵キャスクの一部を示している。写真は、津波が建屋を通り抜けた後で撮られたものである。建屋は損傷しているが、貯蔵されていたキャスクが過熱・発火したり、中の放射性物質が放出されたりする心配はなかった。そのため、キャスク内の使用済み燃料については、事故についてジャーナリストが書いたり話したりした何百万もの言葉の中で言及されることはなかった。事故の関連状況に関する報告類を綿密に追いか

図6.9　津波の後の福島第一の使用済み燃料貯蔵キャスク

ラックやキャスクに海藻が付いているのが見えるが、キャスク内の燃料は破損しなかった（TEPCO）。

けていた日本の物理学者でさえ、敷地内に乾式貯蔵の使用済み燃料があったことを知らなかった[27]。

　使用済み燃料キャスクは、対戦車ミサイルあるいは成形炸薬弾によって穴をあけることができる。この場合、中の燃料も損傷する可能性がある。しかし、米国科学アカデミー（NAS）の2006年の報告書は、その結果生じる放出は、稠密貯蔵の使用済み燃料プールで起きる可能性のある火災によるものと比べると「比較的小さいだろう」と結論付けている[28]。テロリストが使用済み燃料キャスク内の火災を起こせば、放射性物質の放出の割合はもっと高くなるだろうが、この火災は他のキャスクには広がらない。キャスクには、大まかに言って、約10トンの使用済み燃料が入っているが、これは、稠密貯蔵のプールの数百トンと比べればわずかである。プールの場合、炉から取り出されて間もない燃料集合体で火災が起きれば、それはプール全体に広がる可能性がある[29]。

　しかし、NASの報告書は、キャスク用に追加的な防護措置を講じることを提案した。遠くからキャスクを狙い撃ちするのを不可能にする「盛り土」

図6.10　ホルテック提案の米国使用済み燃料集中貯蔵施設

上の完成予想図は、地中に埋め込んだ多数のパッシブ空冷サイロに使用済み燃料キャニスターが入れられた様子を示している。右の図にあるように、冷気が各サイロの上に設けられたカバーの外側底部にある通気口から入り、サイロの壁に接する環状空間を降りて行った後、上昇してキャニスターの外表面を冷やし、温められた空気は浮揚してサイロの上の短くて太い中央排気口から出ていく（Holtec）。

や「視覚的障害物」などである[30]。前述の通り、ドイツその他の国々では、キャスクは厚い壁の建屋内に入れられている。これは、攻撃に対する防護の多重化に寄与する。米国の企業、ホルテック・インターナショナルは、キャニスターに幾分かの追加的な防護を提供するもっと安価な構造のものを売り出している。地中に埋め込んだ鉄筋コンクリートのサイロにキャニスターを収めるものである。キャニスターを冷却する外気は、サイロの壁のすぐ内側を降りて行って、その後キャニスターの表面に沿って上昇する。この流れは、暖められた空気の浮揚性によって引き起こされる（図6.10）[31]。

6.4　集中貯蔵

　少数の国々が、再処理工場とは関係のない使用済み燃料集中貯蔵施設を建設している。スウェーデンには、集中貯蔵プールがある。CLABと呼ばれるこの施設には、地層処分場に送られる予定の使用済み燃料が貯蔵されている（CLABはスウェーデン語の使用済み燃料集中貯蔵の略語）。プールは、地下20〜30メートルの岩の下にくりぬいて作った岩洞内にある。2018年現在、許可された容量は約8000トンだが、容量を約1万1000トンまで増強するための申請が出されている[32]。

再処理計画のある国の場合は、再処理工場に大きな受け入れプールがある[33]：

● フランスの場合、ラアーグ再処理工場の各プールの公称貯蔵容量合計は1万7600トンである。フランスの58基の運転中の発電用原子炉の年間取り出し量約13年分に相当する[34]。2016年末現在プールに置かれた約1万トンの使用済み燃料には、1300トンの使用済みMOX燃料が含まれていた[35]。これは、元々は、再処理して増殖炉の初期装荷燃料用のプルトニウムを取り出すはずだった。現在、増殖炉不在の状況のなか、集中貯蔵状態で蓄積し続けるほかはない状態となっている。最終的運命──深地下処分か再処理か──は決まっていない。

● 日本の青森県の六ヶ所再処理工場には合計容量3000トンの受け入れプールがある。前述の通り、同じ県のむつ市に二つの電力会社が建設した集中中間貯蔵用の乾式貯蔵施設がある。これによって追加される貯蔵能力は3000トンで（図6.7）、さらに容量2000トンの第2棟を建設する可能性がある。元々は、このむつ市の施設に貯蔵された使用済み燃料はのちに建設されるはずだった第二再処理工場に送られることになっていた。しかし、福島事故以後の日本の原子力発電容量の低減から言って、この第二再処理工場は建設されそうにない。

● ロシアでは、シベリアのクラスノヤルスクに近いジェレズノゴルスクにある未完の再処理工場用に建設された合計容量8600トンの貯蔵プールが軽水炉の使用済み燃料の集中貯蔵用に使われている。さらに、巨大な乾式貯蔵施設が近くで建設中である。その計画容量は、ロシアのRBMK黒鉛減速発電用原子炉（チェルノブイリ型）の使用済み燃料用が2万6510トン、軽水炉使用済み燃料用が1万1275トン、合計3万7785トンである。2018年現在、1万6000トンの乾式貯蔵容量がすでに運用状態となっている。半分がRBMK用、半分が軽水炉用である。

● 英国では、閉鎖されたTHORP再処理工場の「受け入れ・貯蔵プール」が、改良型ガス冷却炉使用済み燃料の貯蔵に使われる予定である。最大5500トンで、「地層処分施設（GDF）に向けた搬出ルートが使えるようになるまで（現在2085年と想定）」ということになっている[36]。

● 米国では、1970年代にイリノイ州モリスで建設されながら運転に至らず

放棄された小規模の再処理工場の貯蔵プールが772トンの使用済み燃料の長期的貯蔵用に使われている[37]。

　再処理をしない国々においては、一つのサイトにあるすべての原子炉が閉鎖されるまでは、集中貯蔵施設に使用済み燃料を送ろうという経済的インセンティブがほとんどない。乾式キャスク貯蔵施設の運転の主たるコストは、警備員のサラリーである。運転中の原子力発電所では、発電所の保安部隊が人員を増やすことなく、貯蔵キャスクの監視も行える。しかし、一つのサイトのすべての原子炉が閉鎖された後は、使用済み燃料を集中貯蔵サイトに送った方が、保安体制コストが下がるだろう。また、原子炉が解体され、サイトが他の面で更地になった後は、貯蔵キャスクの存在はサイトの再利用を複雑にする。他に発電所を持っていない電力会社が、使用済み燃料に関する責任のために存続し続けなければならなるという可能性すら生じる[38]。

　米国では、過去において、閉鎖された原子炉からの「オーファン（身寄りのない）」使用済み燃料を整理・統合するために、集中中間乾式キャスク貯蔵施設が提案されたことがある。しかし、実際に建設されるには至っていない。中間貯蔵が永久的なものになるのではとの懸念が潜在的受け入れ地域の中にあること、そして、使用済み燃料運搬の経路に位置する地域に反対があることがその原因である。しかし、2016年と17年に、二つの会社（ウエイスト・コントロール・スペシャリスツとホルテック・インターナショナル）が、ニューメキシコ州とテキサス州の州境の両側にある砂漠地帯に中間貯蔵施設を建設するための許可申請を行った。どちらの施設の案も、既存の核廃棄物施設と並んで設置するというものだった。ウエイスト・コントロール・スペシャリスツ社は、すでに州境のテキサス側に低レベル核廃棄物のための浅地中処分場を運営している。ホルテックのサイトは、州境のニューメキシコ側で、米国エネルギー省の「廃棄物隔離パイロット・プラント（WHIPP）」——プルトニウム汚染廃棄物の深地下処分場——の近くに作るという案である。許可申請書によると、提案された施設は、それぞれ、最大4万トンの使用済み燃料を貯蔵することになっている[39]。しかし、ホルテックは、この上限を12万トンに上げるための申請を今後するかもしれないと示唆している[40]。これは、現存の原子力発電所のすべてが引退となるまでに米国で蓄積される使用済み

燃料全量にほぼ相当する（図6.8）。ホルテックの計画は、前述のように、そのキャニスターをパッシブな空冷式の地中サイロに入れるというものである（図6.10）。

　2008年、中間貯蔵施設または地層処分場においてキャスク詰め替え施設を建設しなければならなくなるのを避けるため、米国エネルギー省（DOE）は、ユニバーサル（汎用）処分キャニスターに処分用と輸送用で別のオーバーパック（外側容器）を使うシステムを提案した[41]。しかし、ネバダ州のヤッカ・マウンテンの地下に地層処分場を作る計画がキャンセルになった後、このようなキャニスターの仕様を策定する作業は中断された。また、高い燃焼度（45メガワット・日／kgU以上）の使用済み燃料集合体や、大容量のキャニスターに入れられた使用済み燃料を詰め替えなしで安全に輸送できるか否かという疑問が提起された[42]。使用済み燃料が放出する強力なガンマ線のため、キャニスター間あるいはキャスク間の使用済み燃料の移動は、発電所の使用済み燃料プールの中で行うのが一番簡単だろう。プールが存在しなくなってしまったサイトでは、即席の放射線遮蔽システムを用意しなければならなくなるだろう。

6.5　乾式貯蔵の耐久性

　米国の原子力発電所の敷地内中間貯蔵施設に置かれた最も古い使用済み燃料は、1960年代に運転を開始し、今は閉鎖されている三つの原子炉で乾式貯蔵されているものである[43]。貯蔵開始の14年後に使用済み燃料集合体のサンプルの状態が一度検査されたが、重要な劣化は見られなかった[44]。これを除けば、検査はキャスク及びキャニスターの外表面に限られている[45]。

　米国の地層処分場の運用開始時期が遠ざかるなか、米国原子力規制委員会（NRC）は、数カ所の乾式貯蔵施設に対する許可を60年に延長している。そして、NRCは2014年に次のような結論を発表した。必要となれば、乾式貯蔵は、使用済み燃料を100年毎に新しいキャニスターに移すことによって無期限に維持できるというものである。損傷又は劣化した燃料は溶接密閉した「容器（カン）」入れてから移すこととすると言う[46]。

　使用済み燃料の熱発生率は、処分坑道における使用済み燃料キャニスター

間に必要な間隔を決めるので、使用済み燃料を炉から取り出してから最終処分場に入れるまで数十年待つというのは有益かもしれない。しかし、50年ほど冷却した後は、その放射性熱は主として長寿命の核種から来るから、処分場に入れるのをそれ以上遅くすることに正当な技術的理由はない。したがって、問題は、社会が深地下埋設処分の方が、長期的に、地表における無期限の長期貯蔵よりも安全だと合意できるかどうかである。この問題は、次章で検討する。

6.6　輸送

　最終的には、使用済み燃料は原子炉サイトから搬出しなければならない。例外は、それぞれの原子炉サイトが使用済み燃料処分用のボアホール（超深抗）を持つ場合だが、今日このオプションが真剣に検討されているところはない[47]。集中直接処分のためには、使用済み燃料は最終深地下処分場に輸送しなければならない（集中貯蔵施設を経由してこれを実施する場合もあるだろう）。再処理のためには、再処理工場に輸送しなければならない。この場合も、再処理とMOX燃料製造の後は、再処理で生じた高レベル廃棄物をガラス固化体にしたもの、そして、再処理とMOX燃料製造の両プロセスで生じた「超ウラン元素（TRU）」廃棄物を、いずれは、最終処分場に輸送しなければならない。

　フランスと英国は、陸上及び海上における使用済み燃料と高レベル廃棄物の輸送を何十年にも亘って経験してきた。大量の使用済み燃料を再処理し、廃棄物パッケージをヨーロッパと日本の顧客に送り返してきているからである。ロシアもまた経験を積み重ねている。ヨーロッパロシアの原子力発電所の使用済み燃料をジェレズノゴルスク——ウラル山脈の東方2000キロメートルの地点——まで輸送しているからである。ヨーロッパ大陸とロシアでの輸送のほとんどは鉄道による。空の状態で最高110トンの重量のキャスクを使い、その中に10トン以上の使用済み燃料を入れる[48]。もっと小さなキャスクに0.5〜2トンの使用済み燃料を入れたものは、トラックで輸送できる。

　使用済み燃料の輸送用キャスクや、キャニスター輸送用オーバーパックは、分厚い鋼製あるいは鋳鉄製の「遮蔽壁」を有する。外側の層として、中性子

図 6.11　鉄道輸送用使用済み燃料キャスク

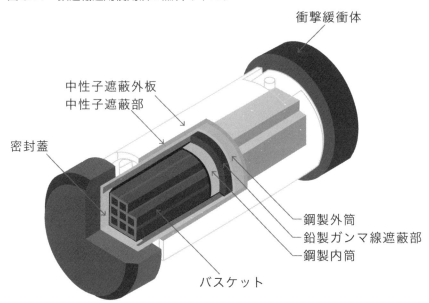

このようなキャスクは、普通10トン以上の使用済み燃料を収容でき、積載時の重量は150トン以上に達することもある。両端には、衝突が起きた場合に中の使用済み燃料に対する衝撃を減らすための「衝撃緩衝体」が取り付けてある（US Nuclear Regulatory Commission[50]）。

の速度を落とし吸収するために水素とホウ素を含んだプラスチックを組み入れている。さらに、ガンマ線吸収用に鉛からなる内側の層を設けている場合もある（図6.11）。

　輸送キャスクには、事故の際に耐えられることを示すために国際的に合意された試験が課せられている。例えば次のようなものである[49]：

- 9 mの高さから剛床上に落下させる
- 1 mの高さから直径15cmの鋼棒へ落下させる
- 800℃の石油火災環境に相当する熱の下に30分置く
- 深さ15mに相当する水圧下で水中に少なくとも8時間浸漬させる

貯蔵用キャスクと同様、テロリストは、対戦車ミサイルあるいは成形炸薬

弾によって輸送用キャスクに穴をあけることができる。違いは、貯蔵用キャスクの方は都市部から離れた非居住区域に置かれているのに対し、キャスクを運ぶ鉄道は、しばしば、都市中心部を通り抜けるという点である。

　2006年に米国科学アカデミー（NAS）の委員会が、過去の輸送事故で起きた極端な状況に曝されたと想定した場合、使用済み燃料キャスクがどのような結果になりそうかを分析した際の結論は、数時間に亘る火災がない限り、大量放出のリスクは小さい、というものだった。委員会はまた、長時間の火災に曝される危険性は、使用済み燃料を運ぶ列車が、トンネル内で石油あるいは可燃性ガスを運ぶ列車の横を通過しないようにすることによって低減できると述べている[51]。この後、米国鉄道協会は、同趣旨の規則を採択した。また、使用済み燃料の輸送は、石油や液化天然ガスのタンクを載せた車両を伴わない専用列車で行うと定めることについて関心を示したが、この規定が実際に正式化されたかどうかは定かではない[52]。

　NASの委員会は次のコメントを追加した。

　　使用済み燃料と高レベル廃棄物の輸送に対する悪意のある行為は、大きな技術的・社会的懸念だが、委員会は、情報の制約のために、輸送のセキュリティーについて徹底的調査をすることはできなかった。委員会は、連邦政府の処分場あるいは中間貯蔵所への大量の輸送が始まる前に、使用済み燃料及び高レベル廃棄物の輸送のセキュリティーについて独立の調査を実施することを提言する[53]。

　米国「原子力規制委員会（NRC）」は、独立の研究の必要を認めなかったが、使用済み燃料輸送のセキュリティー要件の改定は行い、武装護衛と、中央指令サイトからの継続的な輸送監視の要件を追加した[54]。

　使用済み燃料や再処理廃棄物（ガラス固化体）輸送は、いくつかの国々で非常に大きな論争を呼んできた。ドイツでは、2010年11月、フランスの再処理工場からニーダーザクセン州ゴアレーベンの集中中間地表貯蔵サイトへ向けた再処理廃棄物の輸送を阻止しようとするデモ隊に対応するため、2万人の警察官が動員された[55]。2005年で再処理用の使用済み燃料の輸送を中止するとの独政府による決定と、敷地内乾式貯蔵の迅速な導入にもかかわらず[56]、

再処理廃棄物返還の問題が残っていたのである。フランスからゴアレーベンへのガラス固化体の最後の輸送は2011年11月に行われ、前年とほぼ同規模の警察官が動員された[57]。2016年現在、中レベル廃棄物のガラス固化体を入れたキャスク5基をフランスから、高レベル廃棄物を入れたキャスク21基を英国からドイツに返還し、四つの原子力発電所で貯蔵するとの計画があった[58]。

　ヨーロッパから日本に向けた使用済み燃料や、再処理廃棄物、プルトニウム、MOX燃料の海上輸送に対する抗議・デモも起きている[59]。

6.7　結論

　原子炉の使用済み燃料プールに貯蔵される使用済み燃料の量は増えている。その搬出先となる地層処分場、集中中間貯蔵施設、あるいは、再処理工場がないためである。乾式キャスク貯蔵は、少なくとも数十年は依存することができ、プール貯蔵より安全な代替措置を提供する。

　集中中間貯蔵サイトや深地下処分場ができれば、大規模な使用済み燃料輸送が必要となる。輸送キャスクは、最も極端な事故を除いて、あらゆる事故から内容物を守れるように設計されている。例外は、キャスクが強力な炎に何時間も包まれる事故である。このような事故のリスクは最小限にすることができるし、しなければならない。使用済み燃料キャスクに対するテロ攻撃の危険性も、現実的な懸念要因である——とりわけ、人口密集地帯を通る輸送の間は。各国政府は、キャスクが常時監視下に置かれるとともに、緊急対応部隊が対応できるよう、対策を講じなければならない。攻撃者らが使用済み燃料火災を起こすのに十分なアクセスと時間を確保することのないよう保証するためである。

原注

1　Robert Alvarez et al. "Reducing the Hazards from Stored Spent Power-Reactor Fuel in the United States," *Science and Global Security* 11（2003）: 1-51, Fig. 5, https://scienceandglobalsecurity.org/archive/sgs11alvarez.pdf.

2　Klaus Janberg and Frank von Hippel, "Dry-Cask Storage: How Germany Led the Way," *Bulletin of the Atomic Scientists* 65, no. 5（September/October 2009）, 24-32.

3　"Cladding Considerations for the Transportation and Storage of Spent Fuel," US Nuclear Regulatory Commission, 17 November 2003, Interim Staff Guidance No. 11,

Revision 3, https://www.nrc.gov/reading-rm/doc-collections/isg/isg-11R3.pdf.

4 Alvarez et al., "Reducing the Hazards," Fig. 9.

5 Central Research Institute of Electric Power Industry, *Basis of Spent Nuclear Fuel Storage*, 2015, 236–274；Klaus Janberg, personal communication with FvH, March 2019.

6 US Nuclear Regulatory Commission, "Dry Cask Storage," n.d., https://www.nrc.gov/waste/spent-fuel-storage/dry-cask-storage. html.

7 輸送用オーバーパックは、ガンマ線を分厚い鋼鉄の壁で遮蔽する。鉛の層を含むこともある。プルトニウムなどの重い「超ウラン」核種は、主に、「アルファ」線（ヘリウムの原子核）を放出することによって崩壊する。アルファ粒子は、酸素のような軽い元素の原子核と衝突する際、中性子を弾き飛ばすことがある。中性子は、分厚い鋼鉄でも通過できるが、プラスチックの中の軽い水素の原子核に衝突すると減速する。このため、低速中性子吸収能力の大きなホウ素のような元素を少量添加しておくと、放射線の危険性を持つ中性子を除去することができる。

8 Government Accountability Office, *Spent Nuclear Fuel Management: Outreach Needed to Help Gain Public Acceptance for Federal Activities That Address Liability*, GAO-15-141, October 2014, Tables 1 and 2, https://www.gao.gov/assets/670/666454.pdf.

9 図6.4のキャスクの中心同士の間隔は、平均約5mで、それぞれのキャスクには約10トンの使用済み燃料が入っている。電気出力100万kWの原子炉では、年間約20トンの使用済み燃料が取り出される。従って、その60年の寿命の間に約120体のキャスクが満杯になる。これらのキャスク自体に必要な面積は約0.3ヘクタール（3000㎡）である。

10 Connecticut Yankee, "Fuel Storage & Removal," http://www.connyankee.com/assets/images/43_vccs02.jpg. この写真のリンクは次から。www.connyankee.com.

11 Korea Hydro and Nuclear Power Co. Ltd., "Spent Fuel," http://www.khnp.co.kr/eng/content/561/main.do?mnCd=EN030502.

12 National Research Council, *Safety and Security of Commercial Spent Nuclear Fuel Storage: Public Report*（Washington, DC: National Academies Press, 2006）, Appendix C, https://doi.org/10.17226/11263.

13 Wolfgang Heni、ネッカーベストハイム（GKN）原子力発電所の所長代理（当時）。

14 「中間貯蔵施設稼働は再処理開始が前提」『デーリー東北』、2014年1月16日。

15 Masafumi Takubo and Frank N. von Hippel, "An Alternative to the Contiued Accumulation of Separated Plutonium in Japan: Dry Cask Storage of Spent Fuel," *Journal for Peace and Nuclear Disarmament* 1, no. 2（2018）: 281–304, https://doi.org/10.1080/25751654.2018. 1527886.

16 「西川氏乾式貯蔵排除せず 使用済み燃料、福井県外搬出は堅持」『福井新聞』、2019年3月8日。https://www.fukuishimbun.co.jp/articles/-/810845.

17 2018年現在、運転中の原発を持つ30カ国及び台湾については、国際原子力機関（IAEA）のPower Reactor Information Systemデータベースにリストがある。カナダ、ドイツ、韓国、ロシア、米国については、次を参照。International Panel on Fissile Materials, *Managing Spent Fuel from Nuclear Power Reactors: Experience and Lessons from Around the World*, 2011, http://fissilematerials.org/library/rr10.pdf.（フランク フォンヒッペル・国際核分裂性物質パネル（編集）［田窪雅文訳］『徹底検証・使用済み燃料再処理か乾式貯蔵か』合同出版、2014年）。

中国と日本については次を参照。International Panel on Fissile Materials, *Plutonium Separation in Nuclear Power Programs: Status, Problems, and Prospects of Civilian Reprocessing Around the World*, 2015, Chaps. 2 and 6, http://fissilematerials.org/library/rr14.pdf.

アルゼンチン、アルメニア、ベルギー、ブルガリア、ハンガリー、メキシコ、ルーマニア、スペイン、ウクライナ、英国については次を参照。International Atomic Energy Agency, *Status and Trends in Spent Fuel and Radioactive Waste Management*, Nuclear Energy Series No. NW-T-1.14, 2018, Companion CD National Profiles, https://www.iaea.org/publications/11173/status-and-trends-in-spent-fuel-and-radioactive-waste-management?supplementary=44578.

チェコ共和国については次を参照。V. Fajman et al. "Czech Interim Spent Fuel Storage Facility: Operation Experience, Inspections and Future Plans," https://inis.iaea.org/collection/NCLCollectionStore/_Public/30/040/30040070.pdf.

インドについては次を参照。P.K. Dey, "An Indian Perspective for Transportation and Storage of Spent Fuel," International Meeting on Reduced Enrichment for Research and Training Reactors, 2004, https://www.rertr.anl.gov/RERTR26/pdf/P03-Dey.pdf.

パキスタンについては次を参照。S.E. Abbasi and T. Fatima, "Enhancement in the Storage Capacity of KANUPP Spent Fuel Storage Bay," *Management of Spent Fuel from Nuclear Power Reactors: Proceedings of an International Conference Organized by the International Atomic Energy Agency in Cooperation with the OECD Nuclear Energy Agency and Held In Vienna, Austria, 31 May–4 June 2010* (IAEA, 2015), https://www-pub.iaea.org/MTCD/Publications/PDF/SupplementaryMaterials/P1661CD/Session_10.pdf.

スイスについては次を参照。Kernkraftwerk Goösgen-Daöniken, "Management of Spent Nuclear Fuel and High-Level Waste as an Integrated Programme in Switzerland" (paper presented at the US Nuclear Waste Technical Review Board summer meeting, 13 June 2018), https://www.nwtrb.gov/docs/default-source/meetings/2018/June/whitwill.pdf?sfvrsn=4.

台湾については次を参照。Atomic Energy Council, "Dry Storage Management in Taiwan," https://www.aec.gov.tw/english/radwaste/article05.php.

18 Phil Chaffee, "Recommendations from French Parliamentary Commission," *Nuclear Intelligence Weekly*, 27 July 2018, 5.

19 Alan J. Kuperman, "MOX in the Netherlands: Plutonium as a Liability," in *Plutonium for Energy? Explaining the Global Decline in MOX*, ed. Alan J. Kuperman, Nuclear Proliferation Prevention Project, University of Texas at Austin, 2018, http://sites.utexas.edu/prp-mox-2018/downloads/.

20 International Atomic Energy Agency, *Status and Trends in Spent Fuel and Radioactive Waste Management* (2018), Fig. 20, https://www-pub.iaea.org/MTCD/Publications/PDF/P1799_web.pdf.

21 Joe T. Carter, "Containers for Commercial Spent Nuclear Fuel" (US Department of Energy presentation to the US Nuclear Waste Technical Review Board, Washington DC, 24 August 2016), slide 7, https://www.nwtrb.gov/docs/default-source/meetings/2016/august/carter.pdf?sfvrsn=12.

22 容量3000トンのむつの乾式貯蔵施設（建設は基本的に2013年に完成）のコストは、キャスク分も合わせ、1000億円である。リサイクル燃料貯蔵株式会社（RFS）「事業概要」。https://web.archive.org/web/20100904181041/www.rfsco.co.jp/about/about.html.

23 キロワット時当たり約0.001ドル。燃料中のウラン1キログラム当たり45メガワット・日の核分裂エネルギーの放出とし、核分裂熱3キロワット時当たり1キロワット時の電力を発電と想定。

24 通商産業省総合エネルギー調査会原子力部会「中間報告:リサイクル燃料資源中間貯蔵の実現に

向けて」、1998年6月11日。 http://www.aec.go.jp/jicst/NC/iinkai/teirei/siryo98/siryo38/siryo1.htm.

25 National Research Council, *Safety and Security*, Chap. 2.

26 National Academies of Sciences, Engineering, and Medicine, *Lessons Learned from the Fukushima Nuclear Accident for Improving the Safety and Security of U.S. Nuclear Plant: Phase 2* (Washington, DC: National Academies Press, 2016), 21, 59, https://www.nap.edu/catalog/21874/lessons-learned-from-the-fukushima-nuclear-accident-for-improving-safety-and-security-of-us-nuclear-plants.

27 福島事故から1年後、著者の1人（フォンヒッペル）は、日本の大阪で開かれた物理学会の春季大会で講演した。図6.7の写真を見せると、会場にざわめきが起きた。1人の教授が立ち上がって声を上げた。「私は、この事故について詳しく研究してきたが、こんなキャスクがあることなど全く知らなかった」。

28 National Research Council, *Safety and Security*, Chap. 2, 69.

29 US Nuclear Regulatory Commission, *Staff Evaluation and Recommendation for Japan Lessons-Learned Tier 3 Issue on Expedited Transfer of Spent Fuel*, 12 November 2013, COMSECY-13-0030, Tables 34 and 72, https://www.nrc.gov/docs/ML1327/ML13273A628.pdf.

30 National Research Council, *Safety and Security*, 68.

31 Holtec International, "HI-STORM Consolidated Interim Storage," https://holtecinternational.com/productsandservices/wasteandfuelmanagement/dry-cask-and-storage-transport/hi-storm/hi-storm-cis/.

32 SKB (Swedish Nuclear Fuel and Waste Management Company), "Clab—Central Interim Storage Facility for Spent Nuclear Fuel," http://www.skb.com/our-operations/clab/.

33 International Panel on Fissile Materials, *Plutonium Separation*.

34 フランスの原子炉は、合計63GWeの発電容量を持ち、年間約1300トンの使用済み燃料が取り出される。

35 2017年末現在、ラアーグでの使用済み燃料貯蔵量は9970トンだった。Orano, *Traitement des combustibles uses provenant de l'étranger dans les installations d'Orano la Hague* [*Reprocessing of foreign spent fuel at Orano's installations at La Hague*], 2018, 28, https://www.orano.group/docs/default-source/orano-doc/groupe/publications-reference/document-home/rapport-2017_la-hague_traitement-combustible-use-etranger.pdf?sfvrsn=db194397_6. 2016年末現在のラアーグの使用済みMOX燃料貯蔵量は次から。ANDRA, *Inventaire national des matièreset déchets radioactifs*, 2018, 36, https://inventaire.andra.fr/sites/default/files/documents/pdf/fr/andra-synthese-2018-web.pdf.

36 Office of Nuclear Regulation, *THORP AGR Interim Storage Programme*, 2018, 9, http://www.onr.org.uk/pars/2018/sellafield-18-022.pdf.

37 Planning Information Corporation, "The Transportation of Spent Nuclear Fuel and High-Level Radioactive Waste: A Systematic Basis for Planning and Management at the National, Regional, and Community Levels," Denver, 1996, www.state.nv.us/nucwaste/trans/1pic06.htm.

38 廃炉となったコネティカット・ヤンキー、メイン・ヤンキー、ヤンキー・ローの原子炉を運転していた3社は、これら三つの原発それぞれにおける乾式貯蔵維持の保安及び法的コストは、年間約1000万ドル（約10億円）と述べている。"An Interim Storage Facility for Spent Nuclear Fuel," Connecticut Yankee, http://www.connyankee.com/assets/pdfs/

Connecticut%20Yankee.pdf ; "An Interim Storage Facility for Spent Nuclear Fuel," Maine Yankee, http://www.maineyankee.com/public/MaineYankee.pdf ; "An Interim Storage Facility for Spent Nuclear Fuel," Yankee Rowe, http://www.yankeerowe.com/pdf/Yankee%20Rowe.pdf.

39 Interim Storage Partners, "Overview," https://interimstoragepartners.com/project-overview/ ; Stefan Anton, "Holtec International—Central Interim Storage Facility for Spent Fuel and HLW (HI-STORE) " (presentation at the 2015 US Nuclear Regulatory Commission Division of Spent Fuel Management Regulatory Conference, 19 November 2015) , https://www.nrc.gov/public-involve/conference-symposia/dsfm/2015/dsfm-2015-stefan-anton.pdf.

40 Holtec International, "Holtec's Proposed Consolidated Interim Storage Facility in Southeastern New Mexico," https://holtecinternational.com/productsandservices/hi-store-cis/.

41 US Department of Energy, *Transportation, Aging and Disposal Canister System Performance Specification*, DOE/RW-0585, 2008, https://www.energy.gov/sites/prod/files/edg/media/TADS_Spec.pdf.

42 Government Accountability Office, *Spent Nuclear Fuel Management*, 24–31.

43 ドレスデン1号、ハンボルト原発及びヤンキー・ロー原発の原子炉に関連した敷地内乾式貯蔵施設。これらの炉はすべて1960年代に運転を開始した。原子炉の運転期間については次を参照。International Atomic Energy Agency, "PRIS (Power Reactor Information System) : The Database on Nuclear Power Reactors," www.iaea.org/programmes/a2/. For US spent-fuel storage facilities, see *United States of America Sixth National Report for the Joint Convention on the Safety of Spent Fuel Management and on the Safety of Radioactive Waste Management, US Department of Energy*, 2017, Annex D1, https://www.energy.gov/sites/prod/files/2017/12/f46/10-20-17%206th_%20US_National_Report%20%28Final%29.pdf.

44 W. C. Bare and L. D. Torgerson, *Dry Cask Storage Characterization Project, Phase 1: CASTOR V/21 Cask Opening and Examination*, Idaho Nuclear Engineering and Environmental Laboratory, INEEL/EXT-01-00183, 2001, https://www.nrc.gov/docs/ML0130/ML013020363.pdf.

45 O.K. Chopra et al. *Managing Aging Effects on Dry Cask Storage Systems for Extended Long-Term Storage and Transportation of Used Fuel, Rev. 2* (Argonne National Laboratory, 2014) , https://publications.anl. gov/anlpubs/2014/09/107500.pdf.

46 US Nuclear Regulatory Commission, *Generic Environmental Impact Statement for Continued Storage of Spent Nuclear Fuel*, NUREG-2157, 2014, Sect. 2.2, https://www.nrc.gov/docs/ML1419/ML14196A105.pdf. 損傷した燃料の管理については次を参照。M. French et al. *Packaging of Damaged Spent Fuel* (Amec Foster Wheeler, 2016) , https://rwm.nda.gov.uk/publication/packaging-of-damaged-spent-fuel/.

47 現在検討されているボアホール処分の一つの案では、使用済み燃料は深さ5kmのボアホールに入れられ、燃料設置後にボアホールが放射能の地表への経路となるのを防ぐべく設計されたバリアを設けることになっている。例えば次を参照。US Nuclear Waste Technical Review Board, *Technical Evaluation of the U.S. Department of Energy Deep Borehole Disposal Research and Development Program*, 2016, https://www.nwtrb.gov/docs/default-source/reports/dbd_final.pdf?sfvrsn=7.

48 World Nuclear Association, "Transport of Radioactive Materials," 2017, http://www.

world-nuclear.org/information-library/nuclear-fuel-cycle/transport-of-nuclear-materials/
transport-of-radioactive-materials.aspx.

49 International Atomic Energy Agency, *Regulations for the Safe Transport of Radioactive Material*, 2018 Edition, IAEA SSR-6 (Rev. 1), paras 652, 727–729, https://www-pub.iaea. org/books/iaeabooks/12288/Regulations-for-the-Safe-Transport-of-Radioactive-Material.

50 US Nuclear Regulatory Commission, "Backgrounder on Transportation of Spent Fuel and Radioactive Materials," March 2016, https://www.nrc.gov/reading-rm/doc-collections/fact-sheets/transport-spenfuel-radiomats-bg.html.

51 National Research Council, *Going the Distance? The Safe Transport of Spent Nuclear Fuel and High-Level Radioactive Waste in the United States* (Washington, DC: National Academies Press, 2006), 3, https://www.nap.edu/catalog/11538/going-the-distance-the-safe-transport-of-spent-nuclear-fuel.

52 Earl P. Easton and Christopher S. Bajwa, US Nuclear Regulatory Commission, "NRC's Response to the National Academy of Sciences' Transportation Study: *Going the Distance?*" n.d., https://www.nrc.gov/docs/ML0826/ML082690378.pdf.

53 National Research Council, *Going the Distance?* 3.

54 US Nuclear Regulatory Commission, "Physical Protection of Irradiated Reactor Fuel in Transit," *Federal Register*, Vol. 78, No. 97, May 20, 2013, 29520-29557, https://www.gpo. gov/fdsys/pkg/FR-2013-05-20/pdf/2013-11717.pdf.

55 Michael Slackman, "Despite Protests, Waste Arrives in Germany," *New York Times*, 8 November 2010, https://www.nytimes.com/2010/11/09/world/europe/09germany.html.

56 International Panel on Fissile Materials, *Plutonium Separation*, Chap. 4.

57 BBC, "German Police Clear Nuclear Waste Train Protest," 27 November 2011, https:// www.bbc.com/news/world-europe-15910548.

58 Federal Office for the Safety of Nuclear Waste Management, "Return of Radioactive Waste," 10 February 2016, https://www.bfe.bund.de/EN/nwm/waste/return/return.html.

59 例えば、次を参照。Associated Press, "Plutonium Shipment Leaves France for Japan," *New York Times*, 8 November 1992, https://www.nytimes.com/1992/11/08/world/ plutonium-shipment-leaves-france-for-japan.html ; Andrew Pollack, "A-Waste Ship, Briefly Barred, Reaches Japan," *New York Times*, 26 April 1995, https://www.nytimes. com/1995/04/26/world/a-waste-ship-briefly-barred-reaches-japan.html ; "Protesters on Hand as MOX Ship Reaches Saga," *Japan Times*, 29 June 2010, https://www.japantimes. co.jp/news/2010/06/29/national/protesters-on-hand-as-mox-ship-reaches-saga/#. XE33Yy2ZNqw.

第7章　使用済み燃料の深地下直接処分

　多数のプルトニウム増殖炉の初期装荷用プルトニウムの必要という再処理正当化のよりどころが消え、軽水炉でのプルトニウム・リサイクルも経済的でないという状況のなかで、再処理・高速増殖炉推進派は、今度は、いずれにしても、使用済み燃料から超ウラン元素を分離し、これを核分裂させるために高速中性子炉を使用することは、環境面から必要だと主張している。推進派は、自分たちのプログラムは廃棄物が地下処分場に送られる前にその体積と毒性を減らすのに必要だと断言する。

　しかし、本章で説明するように、このとてつもなく費用のかかるプログラムから得られる環境面での利点は小さい。負になる可能性もある。いずれにしても、このプログラムに伴う核兵器拡散や核事故のリスクの増大の方がはるかに重要な問題である。

7.1　再処理と核拡散

　増殖炉を商業化しようする試みに対する半世紀に亘る政府の支援は、すべての主要工業国で失敗に終わっている。それにもかかわらず、高速中性子炉の推進派は、研究開発の政府支援を要求し続けている。しかし、増殖炉は研究開発レベルのものでさえ、核不拡散に関心を持つ人々にとって心配の種である。インドが示したように、小規模の増殖炉研究開発プログラムでも、核兵器を作るのに十分な量のプルトニウムが分離される。

　しかしインドの実例にもかかわらず、再処理推進派は、再処理は核不拡散問題を悪化させることはないと主張する。

　日本では、推進派は今も、発電用原子炉の使用済み燃料を再処理して得られた「原子炉級」プルトニウムは、核兵器の製造に適さないと主張している（第4章参照）。

　韓国では、「韓国原子力研究所（KAERI）」の関係者らがパイロプロセシング——再処理の一種——は、純粋なプルトニウムを生み出さないので核

拡散抵抗性を持つと主張している。しかし、第3章で見たように、2009年に出された米国の六つの核兵器関連国立研究所の委員らによるパイロプロセシングの核拡散面についての共同研究報告は、「［標準的な］ピューレックス（PUREX）［再処理］技術と比べた場合の核拡散リスク低減面での改善はわずかであり、それらのわずかな改善は主として非国家アクターに関するものだ」と述べている[1]。

　再処理推進派の中には、再処理をしないで使用済み燃料を深地下に直接処分すると核拡散問題が悪化すると主張する者さえいる。例えば、2004年、日本の原子力委員会が設置した新計画策定会議は次のように主張した。

　　　使用済燃料中のプルトニウムに対する転用誘引度が高まる処分後数百年から数万年の間における国際的に合意できる効果的で効率的なモニタリング手段と核物質防護措置を開発し、実施する必要があることを踏まえると、核不拡散性に関してこれらの［再処理及び直接処分の］シナリオ間に有意な差はない[2]。

　これは、「プルトニウム鉱山論」で、分析に値するものではある[3]。しかし、今日大規模な商業利用のためにプルトニウムを分離することを正当化するために、何世紀、何千年も先の将来、どこかの国が使用済み燃料の入った容器を回収しようとして半キロメートルの地下まで掘って行くリスクを持ち出すというのは、再処理正当化論がどれほど突飛なこじつけになってしまっているかを示すものと言えよう。

7.2　使用済み燃料処分場が環境に及ぼす危険性にわずかしか寄与しないプルトニウム

　日本では、プルトニウムが健康に与える影響について、再処理推進派は矛盾する主張をしてきた。使用済み燃料の中のプルトニウムは地下数百メートルの深さに工学的に作られた処分場に入れられると給水源にとって危険になると言うこともあれば、分離済みプルトニウムは貯水池に投げ込まれても比較的安全だと主張することもある。1993年に動力炉・核燃料開発事業団（動

燃）――日本原子力研究開発機構の前身の一つ――が作ったビデオでは、可愛いキャラクター、プルト君が自分は危険ではないと請け合っている。

　　　今悪者たちが僕を貯水池に投げ込んだとしてみましょう。ボクは水に溶けにくいばかりか重いためほとんど水底に沈んでしまいます。万一水と一緒に飲みこまれてしまっても胃や腸からはほとんど吸収されず身体の外に出てしまいます[4]。

　実際、下に見るように、この議論にはある程度の妥当性がある。プルトニウムその他の「超ウラン」元素（ウランよりも多くの陽子を持ち、従って、周期律表でウランの右に位置する元素）は、水の中で比較的溶けにくく、そして、酸化物の状態では胃腸から吸収されにくいのである。しかし、これらの事実は、再処理推進派による最近の主張の信憑性を失わせる。使用済み燃料が地下深くに埋められた場合、その中にあるプトニウムその他の超ウラン元素は地表の環境にとって非常に危険だから、再処理で分離して高速炉で核分裂させなければならないという主張である。

　プルトニウムの入った使用済み燃料を地下深くに埋めることが人間の環境に危険をもたらすとの議論は、放射線についての恐れを利用したものである。一部の超ウラン核種の寿命の長さに関連した特別の恐怖心があるようである。プルトニウム239の半減期は2万4000年である。99.9パーセントが崩壊するのには、半減期の7倍、つまり、17万年かかる。発電用原子炉の使用済み燃料のプルトニウムの6パーセントを占めるプルトニウム242の半減期は38万年である。使用済み燃料の中にプルトニウム242とほぼ同等の量が存在するネプツニウム237の半減期は、210万年である。

　しかし、半減期が長くなると、グラム・秒当たりの崩壊数は減る。つまりは、危険が減る。長寿命の原子を経口摂取した場合にそれが体内にある間に崩壊して放射線被曝に貢献する確率は、その核種の半減期が長くなればなるほど小さくなる。

　図7.1は、使用済み燃料の中にある超ウラン元素の半減期と、これらの元素が中性子捕獲とそれに続く放射線崩壊（原子核内の中性子が崩壊して陽子になる）によって発生する様子を示している。

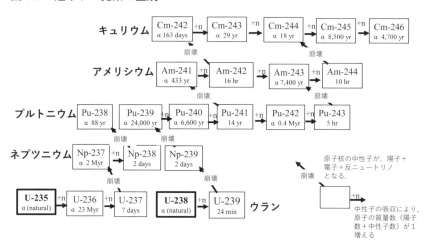

図 7.1　超ウラン元素の生成

ウラン235が中性子を吸収した場合にさえ、相当の確率で、核分裂ではなく、より重い原子核——ウラン236——が生じる。しばしば、中性子の吸収によって生じる原子核は不安定で、中性子の一つが崩壊して陽子となる。その際に電子と反ニュートリノが放出される。このような崩壊では、原子核が別の原子核に変換される。こうして「超ウラン元素」は、次々と形を変え、最終的にはキュリウム、そして、さらにその先の元素が形成されうる。超ウラン元素の多くは、アルファ (α) 粒子——ヘリウム4の原子核で、2個の陽子と2個の中性子からなる——を放出して崩壊する。これにより、超ウラン元素の原子核は、より低い番号の元素の原子核に変わる。例えば、キュリウム243の原子核はアルファ放出の後、プルトニウム239の原子核となり、もう一回のアルファ放出の後、ウラン235の原子核になる。図で示されている元素のうち、ウラン238とウラン235だけが天然に存在する。これは、これらの半減期がそれぞれ、45億年と7億年と長く、地球における元々の存在量の相当部分が残っているためである。誕生したのは、太陽系の形成前の超新星内でのことである（著者ら）。

　人類の有史時代は1万年以下であることを考えた時、深地下の処分場に入れられた長寿命の放射性核種が地表の環境を汚染することなく、そこに何十万年、何百万年にも亘ってとどまるとエンジニア達は保証できるのか、と問いかける人々がいる。

　この心配を利用して、高速中性子炉推進派が叫ぶ。「再先端の再処理工場と高速中性子炉を建てる資金の提供を！　そうすれば、我々は、プルトニウムその他の長寿命超ウラン元素を分離して、高速炉用燃料でリサイクルを繰り返すことにより、これを核分裂させてみせる。99パーセント以上が消えてしまうまで！」

しかし、この処方には、現実的な問題がある。まず、新しい種類の再処理工場と燃料製造工場を建てて運転しなければならない[5]。現在の商業的再処理工場は、ウランとプルトニウムのみ分離し、他の超ウラン元素は放射性廃棄物の中にとどまる仕組みになっているからである。

　また、プルトニウム以外の超ウラン元素を燃料にするのは、実験室規模でも簡単にはできない。日本の原子力規制委員会の2015年11月の会議で、規制委側と日本原子力研究開発機構が、機構の運転する瀕死のもんじゅ高速増殖原型炉の維持管理問題について議論した際、更田豊志規制委員長代理（当時）は、もんじゅを使ってプルトニウム以外の超ウラン元素を核分裂させるという機構の主張について批判した。日本には実験用の燃料を作る施設もないことを指摘した後、次のように付け加えた。「もんじゅが動けばこういった廃棄物問題の解決に貢献するかのように言うのは、少しこれ、民間の感覚でいえば誇大広告と呼ぶべきものではないでしょうか[6]」。いずれにせよ、機構はすでに信頼を失ってしまっていた。翌年、日本政府は、もんじゅを閉鎖する最終的決定を下した。

　このように、再処理工場と高速炉を使って使用済み燃料の中の超ウラン元素をなくしてしまうのは非常に難しい。それでは、使用済み燃料の中の超ウラン元素を深地下の処分場に埋めた場合、それが遠い将来の子孫の食糧や給水源に与える危険の深刻さの程度について私たちは、何を知っているだろうか。

　SKB──スウェーデンの原発所有電力会社が花崗岩地帯の地下500メートルの深さに設ける使用済み燃料処分場の設計と建設のために設立した会社──が、この問題の分析方法を開拓した。SKBの処分場の現在の設計では、使用済み燃料を約6000体の銅製キャニスターに入れて、地表から500メートルの深さに堀った総延長60キロメートルのトンネル内に設置することになっている。それぞれのキャニスターは、ベントナイト粘土（緩衝材）の層で囲まれる。ベントナイト粘土は、水分を含むと膨潤し、不浸透性を獲得する[7]。

　この処分場の設計の安全性をスウェーデンの国民に訴える過程で、SKBは、様々な破損シナリオの影響を分析するコンピューター・モデルを開発した。一つの「ワーストケース超え」シナリオにおいて、銅と粘土の両方の障壁（バ

図 7.2　破損した使用済み燃料処分場がもたらすと想定される地表の被曝線量に
　　　　対する様々な放射性核種の寄与に関する SKB の推定

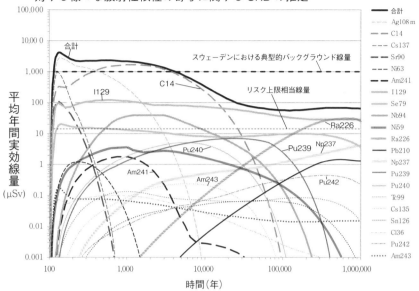

この「ワーストケース越え」シナリオでは、銅製キャニスターとその周りの粘土層が即座に破損し、地下水が使用済み燃料に直接届くようになると想定されている。約100年後、燃料の金属被覆管が腐食して貫通し、使用済み燃料内の様々な放射性核種が水に溶け始め、地表に運ばれていく。その速度は、それぞれの核種の溶解度による。どの時期を取ってみても、図に示されている超ウラン元素（プルトニウム、アメリシウム、ネプツニウム）のどれも、推定総線量の約10パーセントを超える量を占めるには至らないことが分かる（SKB[9]）。

リア）が早期に破損すると想定された。そして、水が使用済み燃料を徐々に溶かし、その中の放射性核種を——最も溶解度の高いものから——運んでいく。花崗岩の亀裂を通って進み、地表の水と、その土地のものを食べて暮らすと想定される農民が育てた食物とを汚染する（図7.2）。
　私たちのここでの関心は、SKBが計算した被曝線量の絶対的大きさの正当性について評価することでもなければ、SKBの処分システムそのもの——スウェーデンで大きな論争を呼んでいる[8]——の擁護をすることでも、また、それに異を唱えることでもない。私たちが関心を抱いているのは、地表の被曝線量に対するさまざまな放射性核種の寄与の相対的割合に関するSKBの計算結果である。これらの割合は、絶対的な線量そのものよりも、モデルにお

けるいくつかの不確実な想定の影響を受けにくいだろう。

　図7.2に示されているように、使用済み燃料の中の放射性核種の一部――例えば、長寿命の核分裂生成物ヨウ素129（I129）――は、溶解度が相当高く、地表に素早く到達する。プルトニウム239（Pu239）のようにもっと溶解度が低いものの場合、生物圏における濃度は、何万年も後にならないとピークに達しない。

　全体的に言うと、使用済み燃料の中には数多くの長寿命放射性核種が入っており、プルトニウムその他の超ウラン元素だけを分離して核分裂させても、人間の受ける長期的な放射線被曝線量を大して減らすことはできない。

　SKBのシミュレーション結果によると、長期的被曝線量への最大寄与核種の一つはラジウム226である（Ra226）。使用済み燃料の中にあるウラン238の崩壊生成物である。半減期1600年で、崩壊して短寿命（半減期4日）のラドン222になる。これは、地下の部屋に侵入してくる放射性ガスである。ラドンの短寿命の空中浮遊崩壊生成物は、吸入されて、非喫煙者の肺がんの相当部分の原因となりうる[10]。ウラン238が、そもそも掘り出されずに元の鉱脈の中にそのまま残されていた場合には、これらの崩壊生成物は、処分場の使用済み燃料より大きな危険にも、小さな危険にもなりうる。実際にどうなるかは、天然の鉱脈の中で生みだされた崩壊生成物のうち地表に到達する割合が、使用済み燃料の地下処分場から地表に到達する割合と比べてどうなるかにもよるし、また、地表に住む人口の密度やライフスタイルにもよる。このことは、深地下処分場の全体的リスクの大きさについて角度を変えて見るのに役立つかもしれない。そのリスクは、ウランの天然鉱床からのものと同程度なのである。実際、SKBの使用済み燃料処分場のウランの濃度は、典型的なウラン鉱床のものと同等になる[11]。

　同じような研究結果が、2009年に韓国原子力研究所（KAERI）の上級専門家が共著者となったプレゼンテーションで発表された。深地下処分場からの被曝線量の推定方法を学ぶために、SKBが使ったのと同じ方法論を使った研究の結果である[12]。共著者らは、使用済み燃料中の超ウラン元素の崩壊生成物からの長期的被曝線量は、使用済み燃料中のウランからのものと同等であるとの研究結果を得た（再処理の場合は、使用済み燃料中のウランは分離され、地上に無期限に、深地下処分よりずっと隔離度の低い状態で保管されることになる）。

しかし、彼らは、この研究結果から明白な政策的結論を引き出さなかった。すなわち、この研究結果は、「処分場に埋められる使用済み燃料からの危険を低減するために再処理と高速増殖炉を！」と提唱するKAERIの議論の根拠を覆すものだとの結論である。実際、この研究の後も、米韓新原子力協力協定が2015年の締結に至るまでの交渉期間中、KAERIはソウルとワシントンの両方において、韓国の再処理の権利を求めるロビー活動を執拗に展開したのである。行き詰まった交渉の中で、韓国側の交渉者は怒り心頭に発した様子で、KAERIを「我々のタリバン」と呼んだという[13]。

　新協定締結の約20年前の1996年に、「米国科学アカデミー（NAS）」は、「核変換」に関する最初の詳細な費用・便益研究を完成させている。「核変換」とは、プルトニウムその他の長寿命の超ウラン元素を核分裂させることを意味する。再処理で超ウラン元素を取り出し、これを高速中性子炉用の燃料としてリサイクルする過程を何度も繰り返すといういくつかのシナリオが分析された[14]。この研究の結論は次のようなものだった。ほとんどの処分場の条件では、使用済み燃料処分場の上に住む自給自足農民に与える被曝線量の最大のものは、二つの可溶性の長寿命核分裂生成物——ヨウ素129（半減期1700万年）とテクネチウム99（半減期21万3000年）——から来る[15]。ヨウ素129についての結論は、図7.2に示したSKBの計算結果と符合する。だから、フランスの再処理工場を運転するオラノ（旧アレバ）が、深地下に埋められた使用済み燃料が将来環境に及ぼしうる危険を理由に再処理すべきだと主張する一方で、同工場の操業において、気体廃棄物から捕捉した揮発性のヨウ素129をそのまま大西洋に放出しているというのは、驚くべきことである[16]。

　また、図7.2を見ると、400年後から2万年後の期間に処分場の上に住む自給自足農民に最大の被曝線量を与えるのは、破損した処分場から漏れ出した炭素14（C14）であることが分かる。一方、オラノは、使用済み燃料の再処理で出てくる炭素14の入った炭酸ガスを大気中に放出しているのである[17]。

　ほとんどの企業と同じく、オラノの主たる動機は、その製品及びサービスを売ることである。しかし、2013年、仏「原子力安全局（ASN）」が、プルトニウム以外の超ウラン元素を核分裂させるべきとするオラノの主張について分析し、次のような結論を出している。「マイナー・アクチニドの核変換は、地層処分の放射線学的影響を意味のある程度に変えることはない。なぜ

なら、この面での影響は主として核分裂生成物及び放射化生成物によるものだからである[18]。」(放射化生成物とは、炭素14のような放射性核種を指し、これらは、使用済み燃料あるいは燃料被覆管の中の安定した核種が中性子を吸収することによって発生する[19]。マイナー・アクチニドとは、プルトニウム以外の超ウラン元素のことである[20]。)「地層処分の放射線学的影響……は主として核分裂生成物及び放射化生成物によるものだ」というASNのステートメントは、プルトニウムもまた、地下処分場がもたらす地表の被曝線量に対する主要な寄与核種には含まれないというのが同機関の見解であることを明確に示している。

　2018年、日本の原子力委員会の岡芳明委員長——原子力工学者で日本原子力学会元会長——が、同委員会のメールマガジンで、分離と核変換を導入すれば放射性廃棄物がもたらす「地層処分の潜在的危険性が数万年から数百年に低減する」とする主張に懐疑的な地層処分専門家の意見を紹介している。そして「有害度低減が可能」だとの主張があるのは、「そう主張する原子炉の専門家が地層処分の安全評価をよく知らないためではないか。あるいは知っていて『為にする議論』をしているためではないか」と委員長は問いかけた[21]。

7.3　再処理は放射性廃棄物処分場の大きさを意味のある程度に縮小できるか？

　再処理推進派が展開するもう一つの主張は、再処理は、地下処分場に入れなければならない廃棄物の量を減らすことによって、処分場を縮小できるというものである。

　この主張の最も単純なバージョンは次のようなものである。軽水炉の使用済み燃料の場合、93〜96パーセントが核分裂しないまま残っているウランである。このウランは分離すれば、地下処分場に入れなくてすむかもしれない——ただし、その将来はまだ決まっていない[22]。1パーセントは、プルトニウムである。これは分離してMOX燃料の形でリサイクルできる。0.2パーセントは、他の超ウラン元素で、これも将来、分離してリサイクルできるかもしれない、と。この見方では、深地下処分の必要な廃棄物は、元のウランの3〜6パーセントで、核分裂生成物となったものである。

図 7.3　使用済み燃料の再処理と直接処分のそれぞれの選択肢で生じる廃棄物及び処分場の「体積（容積）」の比較

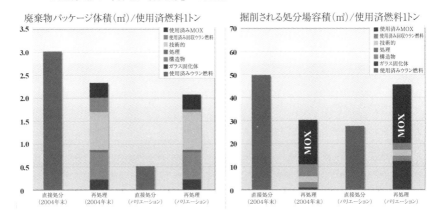

廃棄物パッケージの「体積」が左に、それに対応する地下処分場の「ギャラリー（横坑）」スペースの「体積（容積）」が右に示されている。「2004」と印されたものは、フランスの産業側の想定に基づいたもので、使用済み燃料棒は原子炉内で使われた燃料集合体に入れたまま処分するという条件を含む。「バリエーション（変種）」と印された例は、燃料集合体がばらされて、燃料棒がもっとコンパクトな形状で詰められるようにすることを想定している。最初の想定では、使用済み燃料が再処理なしで処分された場合の廃棄物パッケージの総「体積」は、再処理廃棄物＋使用済みMOX燃料・使用済み再濃縮回収ウラン燃料の体積より30パーセント大きくなり、二つ目の想定では、75パーセント小さくなる。「構造物」廃棄物は溶出後に残る「燃料被覆管（ハル）」、「技術的」廃棄物は、再処理・MOX燃料製造過程で長寿命の放射性物質に汚染された他の材料を意味する（Schneider and Marignac[23]）。

　この主張は、いろいろな理由で短絡的に過ぎる。まず、核分裂生成物は他の物質——現行ではガラス——と混ぜて処分体を形成する。これが、深地下処分を必要とする「高レベル」（濃縮）放射性廃棄物の体積と質量を増やす。

　さらに、「リサイクリング」の過程で付随して発生する放射性廃棄物も深地下処分場でのスペースを必要とする。これらの廃棄物には、照射済みのウランを酸で溶かす際に残る燃料被覆管（ハルと呼ばれる）——残留プルトニウムで汚染されている——や、ウラン・プルトニウム「混合酸化物（MOX）」燃料の製造の際に生じるプルトニウム汚染廃棄物及び機器などがある。これらは、「超ウラン（TRU）」廃棄物と呼ばれることが多い。

　そして、第4章で述べたように、ほとんどの使用済みMOX燃料は恐らく、再処理されずに深地下処分場に送られることになる。

フランスの再処理プログラムに関する詳細な分析の結論は、処分場に入れることが必要となる再処理・MOX燃料製造過程の廃棄物（それに、使用済みMOX燃料）の「体積」も、この廃棄物を収容するのに必要な地下処分場の「体積」も、再処理をしないままの使用済み燃料の処分に必要なものと同等だというものだった。どちらの場合の「体積」が小さくなるかは、パッケージング（処分体の形成方法）についての細かな想定による（図7.3）。

　処分場の横坑の「体積（容積）」は、パッケージの「体積」自体よりも、その発熱量に依存するところが大きい。廃棄物を取り囲む岩・粘土の温度は、その放射能の閉じ込め能力が劣化するレベルに達しないように保たなければならないためである。具体的に言うと粘土の場合、不浸透性を維持するには乾燥させてはならないので、廃棄物パッケージの表面温度は、水の沸点より低くなければならない。このため、一つの容器の中に入れられる高レベル廃棄物あるいは使用済み燃料の量が制限されることになるのである。

　図7.3にあるように、使用済みMOX燃料を収納するのに必要な横坑の（掘削）「体積」は、再処理していない元の使用済み低濃縮ウラン（LEU）燃料を収納するのに必要な「体積」に匹敵する――8トンの使用済み燃料を再処理して製造できるMOX燃料が約1トンでしかないのにもかかわらず。理由は、使用済みMOX燃料の場合、約5パーセントがプルトニウムであるのに対し、使用済みLEU燃料では約1パーセントであり[24]、50年から100年経つと、使用済み燃料の発熱量を支配するのが、プルトニウムとアメリシウム241（プルトニウム241が半減期14年で崩壊して形成）の崩壊熱になるからである（図7.4及び7.5）。

　したがって、使用済みMOX燃料が地層処分場で処分されることになれば――高速中性子炉の商業的失敗から言って、そうなる可能性が高い――再処理によるいかなる処分場のスペース節約効果も帳消しになってしまう。

　破綻したアレバ社――フランスの再処理工場とMOX燃料製造工場を運転している政府所有企業オラノの前身――は、米国における再処理工場計画用に委託した経済的分析において、次のように述べて同じ意味のことを認めている。「ヤッカマウンテンにおける使用済みMOX燃料の処分は、実行可能な選択肢とはみなされない。なぜなら、使用済みMOX燃料を処分してしまうと、処分場の最適化という［再処理の］利点をほとんど完全になくしてしま

図7.4　長期的放射性崩壊熱において支配的な超ウラン元素

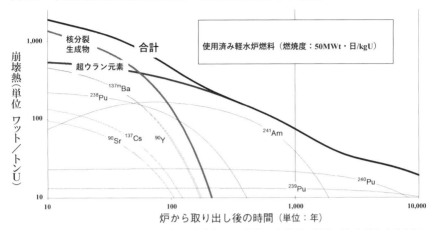

縦軸: 崩壊熱（単位　ワット／トンU）
横軸: 炉から取り出し後の時間（単位：年）

（グラフ内凡例）核分裂生成物　合計　超ウラン元素　使用済み軽水炉燃料（燃焼度：50MWt・日/kgU）

ここで示されているのは、1トンの使用済み低濃縮ウラン燃料の崩壊熱に対する核分裂生成物と超ウラン元素——ほとんどがプルトニウムとアメリシウム241（Am241）——の寄与度である。アメリシウム241は、プルトニウム241（半減期わずか14年）の崩壊生成物である。10年後の時点では、核分裂生成物の崩壊熱で支配的なのはセシウム137（Cs137）とストロンチウム90（Sr90）——どちらも半減期約30年——とその短寿命の崩壊生成物（それぞれ、バリウム137m［Ba137m］とイットリウム90［Y90］）である。使用済み燃料が約50年の冷却後埋められたとすると、核分裂生成物と超ウラン元素の寄与度は同等となる。200年後頃、核分裂生成物の崩壊熱は、相対的に取るに足らないものとなる（Argonne National Laboratory[26]）。

うからである[25]」。

　図7.4は、使用済み燃料の長期的放射性崩壊熱量において超ウラン元素が支配的であることを示している。

　図7.5の使用済みMOX燃料と使用済み低濃縮ウラン燃料の崩壊熱の比較を見ると、MOX燃料が予測通り使用済み処分場に入れられると、なぜ処分場のスペース節約効果が帳消しになってしまうかが分かる。

　高速中性子炉の推進派は、すべての超ウラン元素を使用済み燃料から取り出し、高速中性子炉の中でのリサイクルを繰り返して、完全に核分裂させ、残った核分裂生成物だけを埋めるようにすれば、処分場の大きさは劇的に縮小できると主張してきた[28]。これが重要だとされるのは、上述のように、核分裂生成物の崩壊熱の寄与は、超ウラン元素からのものと比べ、ずっと急速に減少していくからである。

　しかし、前述の通り、高速中性子炉の経済的失敗と、超ウラン元素を分

図 7.5　使用済み低濃縮ウラン（LEU）燃料より大きな放射性崩壊熱を発する使用済み MOX 燃料

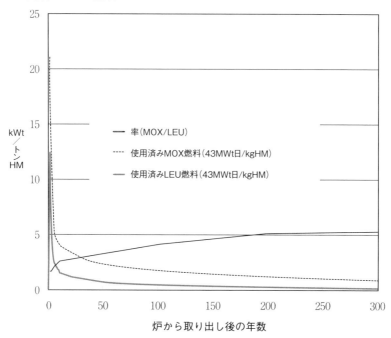

炉から取り出し後の年数

使用済みMOX燃料は、プルトニウムその他の超ウラン元素の含有量が大きいため、放射性崩壊熱の低下が、使用済みLEU燃料と比べ、ずっとゆっくりしている。炉から取り出して50年の時点では、MOX燃料とLEU燃料のトン当たりの熱発生率の比は約3倍で、150年後には5倍となる。これは、所与の大きさの処分容器に入れられる使用済みMOX燃料の量は、LEU燃料の場合の3分の1から5分の1であることを意味している。それを超えると、その表面温度が処分場の中で高くなりすぎてしまう。したがって、使用済みMOX燃料は処分場において、トン当たりにして、使用済みLEU燃料の3倍から5倍のスペースを必要とするのである（著者ら[27]）。

　離して燃料にすることの難しさから言って、このシナリオは、膨大なコストを費やさないと実現できないだろう。今日、高速中性子炉の開発について関心を持っている人々の大部分が原子炉開発研究所関係者だというのはそのためである。各国政府の中には、高速中性子炉の設計作業に資金を提供し続け、時々、原型炉を作っているところもある。しかし、保管中の使用済み燃料の中に蓄積され続けている超ウラン元素を核分裂させるのに必要な規模の数で高速中性子炉を作ろうとしている政府も電力会社もない。日本の原子力委員会の岡芳明委員長は次のように述べている。

研究費をもらう側が、意見を集めて政策を決める時代は終わりである。……いまだこのような意識が原子力関係者に残っているのはいかがなものであろうか。……軽水炉から高速炉に移行するとか、放射性廃棄物の有害度低減が可能であるとかの声は、主に日仏の研究開発機関から発信されている。日本のように国の研究開発費に依存する企業が存在する場合には両者の声が連動して、声がますます大きくなる。……推進側は研究開発予算獲得のため、研究開発の理由づけをしがちである。……長年研究していると愛着が出来て、好き嫌いで考えてしまっているのに気がつかない場合もある。好き嫌いは恋愛と同じで議論できない[29]。

　図7.4のようなグラフは、また、再処理推進派が、深地下に埋められた使用済み燃料の長期的危険の最も重要な要因は超ウラン元素だと主張する際にも使われる。しかし、図7.2に関して見た通り、地表の危険は、放射性核種の放射能にだけでなく、その溶解度にも依存する。そして、超ウラン元素は、使用済み燃料の中にある他の長寿命の放射性核種の一部とくらべて、溶解度がずっと低いのである。

7.4　再処理の危険性

　再処理推進派は、深地下処分場に入れられた使用済み燃料から漏れ出す放射能の潜在的な長期的危険性に焦点を合わせる。しかし、再処理で生じる高レベル廃液は地上で作られるものであり、それが地上に置かれている間にもたらす潜在的危険性の方がずっと大きい。

　実際、広範な地域からの避難を必要とした最初の大きな核事故は、1957年にソ連の再処理工場で起きた高レベル廃液貯蔵タンクの爆発である。この事故はあまり知られていない。20年間に亘って秘密にされていたためである。1976年にソ連の反体制派の科学者で歴史家のジョレス・メドベージェフが明らかにした時には[30]、すでに過去の出来事となっていて、ニュースではなかった。2018年の時点では、これは、なお、歴史上最悪の再処理事故だった。

　西側の諜報機関は、この大きな核事故について知っていたに違いない。彼

図 7.6　ウラル地方における 1957 年の再処理廃棄物爆発で生じたストロンチウム 90 汚染―― 1997 年現在の汚染密度概略

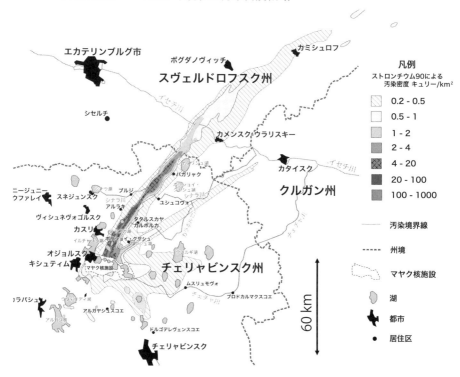

凡例

ストロンチウム90による
汚染密度 キュリー/km²

0.2 - 0.5
0.5 - 1
1 - 2
2 - 4
4 - 20
20 - 100
100 - 1000

―――　汚染境界線

- - - - -　州境

マヤク核施設

湖

都市

居住区

1957 年に平方キロメートル当たり 2 キュリー（0.074 MBq/㎡）を超える汚染（1997 年の汚染レベルは 0.8 キュリー／㎢）が起きた地域では、住民は避難させられ、数年に亘って、農業用利用が中止された[33]（Urals Research Center for Radiation Medicine[34]）。

らがこれを公表しなかったのは、その情報が西側の核兵器プログラムにおけるプルトニウム分離に対する反対を助長することを危惧したためではないかと推測された[31]。情報機関の危惧は正しかったのかもしれない。30 年後、チェルノブイリ事故が起きた際、このソ連の原子炉の設計が、ソ連の軍事用プルトニウム生産炉から派生したものであり、そして、その生産炉の元になったのが、米国の軍事用プルトニウム生産炉だったため、その時点まで米国に残っていた 2 基のプルトニウム生産炉が停止されるという結果を招いた。その理由は主として、これらの炉も、最新の安全システムを備えていないと

いうものだった[32]。

1957年の事故は、ウラル地方のキシュティムという村の近くに位置するソ連の最初の再処理工場で起きた。すべての再処理施設と同じく、キシュティム再処理工場には、巨大なタンクが複数あって、その中には、使用済み燃料を溶かしてウランとプルトニウムを抽出した後に残る核分裂生成物その他の放射性核種を含有する濃縮液が入っていた。

1957年9月、高レベル廃液タンクの一つの冷却システムが故障した。この故障が気づかれないまま、廃液が沸騰して水分がなくなってしまった。使用済み燃料の中のウランを溶かすのに使われた硝酸の残留物と、溶液からプルトニウムとウランを分離するのに使われた有機溶媒の残留物とが合わさって、爆発性の混合物が形成された。その爆発は、ＴＮＴ火薬にして最大100トンに匹敵するエネルギーを放出し、大量の放射性物質を飛散させた。これには、5メガキュリー（185ペタベクレル［PBq］）のストロンチウム（半減期30年）が含まれていた[35]。

爆発は、風下の約1000平方キロメートルの地域で平方キロメートル当たり2キュリーを超えるレベルの汚染をもたらした（図7.6）[36]。これは、2011年の福島事故がもたらした住民の長期的避難地帯の面積に匹敵する。幸い、細長い汚染地帯（長さ約140キロメートル）には付近の都市や町は入っていなかった。それでも、「ウラル放射能汚染の道」内に位置した村々から約1万人が避難させられた。ストロンチウム90は、福島の避難の主たる原因となったセシウム137と比べると外部被ばくの危険は小さいが、食べ物に入ったものを経口摂取すると、内部被ばくの面でより大きな危険を伴う。ストロンチウム90は、化学的にカルシウムに似ていて、「向骨性物質」として振る舞う。そのため、体内での生物学的半減期が長く、その分、大きな放射線被曝を骨髄にもたらす[37]。

キシュティム事故が西側で知られるようになってから3年後の1979年、ドイツのニーダーザクセン州のエルンスト・アルブレヒト首相は、独立のアナリストの国際的グループを招集した。ドイツの電力会社が同州のゴアレーベンの町の近くで建設を計画している再処理工場の設計について評価するためである。国際的グループによる批判を咀嚼・消化したうえでアルブレヒトは、工場の建設に同意した。ただし、二つの条件を付けた。サイトに「受動的安

全性」を備えた使用済み燃料貯蔵施設を設けることと、高レベル廃液を貯蔵しないことである[38]。電力会社は、再処理工場を建設しないことに決め、このサイトは最終的に、使用済み燃料と、英仏でのドイツの使用済み燃料の再処理で生じた高レベル廃棄物ガラス固化体とを置く中間貯蔵サイトとなった。

　高レベル廃棄物のガラス固化用機器は、しばしば故障する。それが起きた際にプルトニウムの分離プロセスを止めてしまうことは避けたいと、膨大なコストを伴う再処理工場の運転者らは考える。それで、現存する再処理工場はすべて、非常に大量の高レベル廃棄物を液状で保管するタンクを備えた設計になっている。例えば、日本の六ヶ所再処理工場には、高レベル廃液用のタンクが2基ある。炉から取り出し後5年の使用済み燃料を再処理して出た高レベル廃液を容量満杯になるまで入れた場合、これらのタンクには、それぞれ、1000ペタベクレル（PBq）のセシウム137が入っていることになる。稠密貯蔵の使用済み燃料プールの場合と同等の量である[39]。チェルノブイリ事故からのセシウム137の放出量は約85PBqだった[40]。

　高レベル廃液タンクの乾固が、再処理工場における爆発をもたらす唯一のシナリオではない。核分裂生成物からの強烈な放射線の影響の下では、硝酸が有機溶媒と反応して「レッド・オイル」の層が形成され、これが加熱して爆発する可能性もある[41]。レッド・オイルはまた、溶解した使用済み燃料からプルトニウムとウランを分離するために溶媒が注入されるプロセス・タンク、あるいは、高レベル廃液の体積を減らすために廃液を濃縮する蒸発器でも形成されうる。

　実際、再処理工場ではレッド・オイルの爆発が何度も起きている。2018年現在、最も深刻な爆発は、1993年に、やはりロシアの西シベリアのトムスク市に近いセベルスク軍事用再処理工場で起きたものである。爆発は、再処理建屋の側面を吹き飛ばした（図7.7）。幸い、タンク内の放射性物質の濃度は低く、セシウム137の放出量は福島の放出量の約0.003パーセントに過ぎなかった[43]。

7.5　結論

　たとえ事故が起こらないとしても、再処理による環境面での便益は、わず

図 7.7　セベルスク軍事用再処理工場で 1993 年に起きたレッド・オイル爆発が
もたらした損傷

爆発は、有機溶媒と残存核分裂生成物の入ったタンクに硝酸を投入した際に起きた。攪拌がされな
いなか、溶媒が溶液表面に浮かび上がってきて、溶媒と酸の間で自己触媒反応が生じ、これがタン
クの過加圧状態、タンクの上の空気中への高熱ガス及び液滴の放出、そして、爆発へとつながった
(IAEA[42])。

か、あるいは、ゼロである。そして、再処理工場で実際に起きた一つの事故
が、将来、深地下の使用済み燃料処分場の破損による漏れによって影響を受
け得る地帯の面積より、何桁も大きな広さの地域の汚染をすでにもたらして
いる。

原注
1　R. Bari et al., "Proliferation Risk Reduction Study of Alternative Spent Fuel
　　Processing" (paper presented at the Institute of Nuclear Materials Management 50th
　　annual meeting, Tucson, Arizona, USA, 12-16, July 2009), https://www.bnl.gov/isd/
　　documents/70289.pdf.
2　原子力委員会新計画策定会議「核燃料サイクル政策についての中間取りまとめ」、2004年11月
　　12日。http://www.aec.go.jp/jicst/NC/tyoki/sakutei2004/sakutei13/ssiryo1.pdf.
3　Edwin S. Lyman and Harold A. Feiveson, "The Proliferation Risks of Plutonium Mines,"
　　Science & Global Security 7, no. 1 (1998). 119-128, http://scicnccandglobalsecurity.org/
　　archive/sgs07lyman.pdf.
4　『プルトニウム物語 頼れる仲間プルト君』(1993年)。 動力炉・核燃料開発事業団が企画制作、
　　製作は株式会社三和クリーン；Thomas W. Lippman, "Pluto Boy's Mission: Soften the
　　Reaction," *Washington Post,* 7 March 1994, https://www.washingtonpost.com/archive/

politics/1994/03/07/pluto-boys-mission-soften-the-reaction/e3832c8f-56aa-49a3-9695-
dbcfd517ce27/?utm_term=.a1b8a42ff468.

5　National Research Council, *Nuclear Wastes: Technologies for Separations and Transmutation*（Washington, DC: National Academies Press, 1996）, Chap. 4, https://doi.
org/10.17226/4912.

6　原子力規制委員会「平成27年度第38回原子力規制委員会臨時会議議事録」、2015年11月2日。
http://warp.ndl.go.jp/info:ndljp/pid/11235834/www.nsr.go.jp/data/000129463.pdf.

7　SKB（Svensk Kärnbränslehantering AB）, "A Repository for Nuclear Fuel That Is Placed in 1.9 Billion Years Old Rock," http://www.skb.com/future-projects/the-spent-fuel-
repository/.

8　International Panel on Fissile Materials, "Diverging Recommendations on Sweden's Spent Nuclear Fuel Repository," *IPFM Blog*, 23 January 2018, http://fissilematerials.
org/blog/2018/01/diverging_recommendations.html.

9　SKB, *Long-Term Safety for the Final Repository for Spent Nuclear Fuel at Forsmark: Main Report of the SR-Site Project, Volume 3*, TR-11-01, 2011, Fig. 13–64, http://skb.se/
upload/publications/pdf/TR-11-01_vol3.pdf.　示されている他の放射性核種：セシウム137、
ストロンチウム90、セレニウム79、テクネチウム99、セシウム135、スズ126（Sn-126）は、
核分裂生成物；銀108m（Ag-108m）、塩素36、ニッケル59、ニッケル63、ニオブ94は、燃料及
びその被覆材中の安定した核種による中性子吸収生成物；アメリシウム241はプルトニウム241
の崩壊生成物；ネプツニウム237とアメリシウム243は、それぞれ、ウラン235とウラン238か
ら始まる数次の中性子吸収の産物である。

10　Boris B.M. Melloni, "Lung Cancer in Never-Smokers: Radon Exposure and Environmental Tobacco Smoke," *European Respiratory Journal* 44, no. 4（October 2014）:
850–852, https://doi.org/10.1183/09031936.00121314.

11　SKBの処分場は、面積3～4k㎡の場所に1万2000トンのウランを内包する使用済み燃料を入れ
ることになっている。銅製のキャニスターは、高さ約5mで、横坑の底部に垂直に設けられた穴
に設置されることになっている。SKB, "Repository for Nuclear Fuel."立方メートル当たり2.65
トンの密度の花崗岩の場合、広さ3.5 k㎡、厚さ5mの花崗岩の層における平均重量濃度260ppm
（百万分率）に相当する。

12　Yongsoo Hwang and Ian Miller, "Integrated Model of Korean Spent Fuel and High Level Waste Disposal Options," in *Proceedings of the 12th International Conference on Environmental Remediation and Radioactive Waste Management*, Liverpool, UK, October
11–15, 2009, paper no. ICEM2009-16091, 733–740. ファンとミラーは、10万年後の時点におい
て支配的な線量は、ラドン222、ラジウム226、トリウム230（すべてウラン238の崩壊生成物）、
アクチニウム231及びプロトアクチニウム231（ウラン235の崩壊生成物）、トリウム229（超ウ
ラン核種ネプツニウム237の崩壊生成物）、テクネチウム99（核分裂生成物）から来ているとの
結論に達した。

13　国務省当局者から著者の1人（フォンヒッペル）に伝えられた。

14　サイクルを繰り返すことが必要となる。なぜなら、1回で核分裂させられるのは超ウラン元素の
20％にも満たないからである。National Research Council, *Nuclear Wastes*, Table 4–2（増殖
率0.65のケース）。

15　National Research Council, *Nuclear Wastes*, 33.

16　2016年、アレバは、983トンの使用済み燃料を再処理した。ASN（Autorité de Sûreté Nucléaire）, *Rapport de l'ASN sur l'État de la Sûreté Nucléaire et de la Radioprotection en France en 2017*, 2018, 381, https://www.asn.fr/annual_report/2017fr/.この使用済み燃料

から放出された核分裂エネルギーが平均して、キログラム当たり43〜53メガワット・日だったとすると、この燃料における核分裂の数は、1.07〜1.31×10²⁹となり、核分裂の約55％はウラン235で起き、残りのほとんどはプルトニウム239で起きたということになる。OECD Nuclear Energy Agency, *Plutonium Fuel: An Assessment*（Paris: Organisation for Economic Co-operation and Development, 1989），Table 9, https://www.oecd-nea.org/ndd/reports/1989/nea6519-plutonium-fuel.pdf.「熱」（低速）中性子によるウラン235とプルトニウム239の核分裂で生じるヨウ素129（I-129）の「核分裂（生成物）収率」［すべての核分裂生成物に占める割合］平均は、それぞれ、0.71％及び1.41％で、加重平均は1.02％である。従って、983トンの使用済み燃料における核分裂は、1.69〜1.34×10²⁷のヨウ素129の原子（234〜288kg）を生み出す。放射能で表すなら1.6〜1.9テラベクレル（TBq）。アレバ（オラノ）は、2016年にラアーグの再処理工場で1.44TBqのヨウ素129を大西洋に放出したと報告している。*Rapport d'information du site Orano la Hague, Édition* 2017, 51, https://www.orano.group/docs/default-source/orano-doc/groupe/publications-reference/document-home/rapport-tsn-la-hague-2017.pdf?sfvrsn=2325ae4f_6.

17　2016年、アレバ（オラノ）のラアーグ工場は、大気中へ19.1TBqの炭素14を放出した。*Rapport d'information du site Orano la Hague,* 47. これは、同年に再処理された使用済み燃料中のヨウ素129の推定量の約10倍である（注16参照）。SKBの研究によると、スウェーデンの処分場に入れられる使用済み燃料中の炭素14の量は、放射能で測ると、ヨウ素129の量の約40倍になる。SKB, *Long-Term Safety,* Volume 1, Table 5.4.これは、オラノが、再処理した使用済み燃料の中にある炭素14の約25％を大気中に放出していることを示唆している。

18　ASN, "Avis no. 2013-AV-0187 de l'Authorité de sûreté nucléaire du 4 July 2013 sur la transmutation des elements radioactifs à vie longue," 16 July 2013, https://www.asn.fr/Reglementer/Bulletin-officiel-de-l-ASN/Installations-nucleaires/Avis/Avis-n-2013-AV-0187-de-l-ASN-du-4-juillet-2013.

19　炭素14は、燃料内に閉じ込められた空気中の窒素14から生まれる。中性子が窒素14の陽子をはじき出してそれにとって代わり、元は七つの陽子と七つの中性子を持つ安定した窒素の原子核だったものを、六つの陽子と八つの中性子を持つ、半減期5700年の炭素原子核に変える形で発生する。

20　放射線化学者は、周期表において超ウラン元素を「アクチニド」と分類する。なぜなら、これらすべてが、電子の入った最大の量子数の電子軌道（7s）にアクチニウムと同じ数の電子を持ち、それより下の二つの電子軌道（5fと6d）に異なる数の電子を持っているからである。しかし、これら三つの電子軌道のすべての電子は、同じような結合エネルギーを持ち、元素の様々な原子価や結晶構造の決定に寄与する。

21　岡芳明「核燃料サイクル、プルトニウム、高速炉、有害度低減」『原子力委員会メールマガジン』250号、2018年7月20日。http://www.aec.go.jp/jicst/NC/melmaga/2018-0250.html.

22　再処理の回収ウランは、天然ウランと比べ幾分、中性子を吸収しやすく、放射能が強い。これら二つの特徴は、それぞれ、原子炉内で生み出されたウラン236（半減期2300万年）及びウラン232（半減期70年）の存在による。2007年現在、一部は、濃縮、あるいは、濃縮ウランとの混合を経てリサイクルされていたが、ほとんどは、他の代替処分計画のない状態で保管されたままになっていた。International Atomic Energy Agency, *Use of Reprocessed Uranium: Challenges and Options*, 2009, https://www-pub.iaea.org/MTCD/Publications/PDF/Pub1411_web.pdf.

23　次より改変。Mycle Schneider and Yves Marignac, *Spent Nuclear Fuel Reprocessing in France*, International Panel on Fissile Materials, 2008, Fig. 16, http://fissilematerials.org/library/rr04.pdf.

24 OECD Nuclear Energy Agency, *Plutonium Fuel*, Tables 9 and 12. (燃焼度約 43 MWt/kgU の使用済み燃料について)

25 Boston Consulting Group, *Economic Assessment of Used Nuclear Fuel Management in the United States*, 2006, 20, http://www.nuclearfiles.org/menu/key-issues/nuclear-weapons/issues/proliferation/fuel-cycle/Economic_Assessment_Used_Nuclear_Fuel_Mgmt_US_Jul2006 [1] .pdf.

26 次より改変。Roald A. Wigeland et al., "Spent Nuclear Fuel Separations and Transmutation Criteria for Benefit to a Geologic Repository" in Proceedings of Waste Management Conference '04, February 29 – March 4, 2004, Tucson, Arizona.

27 計算は、カン・ジョンミン。燃焼度43MWt・日/kgの使用済み燃料について。低濃縮ウラン燃料は装荷時3.7%濃縮と想定。MOX燃料は、装荷時、10年間冷却した燃焼度43MWt・日/kgの使用済み燃料から抽出したプルトニウムを7%含有と想定。OECD Nuclear Energy Agency, *Plutonium Fuel*, Tables 9 and 12.

28 Roald A. Wigeland et al., "Spent Nuclear Fuel Separations and Transmutation Criteria for Benefit to a Geologic Repository" in Proceedings of Waste Management Conference '04, February 29 – March 4, 2004, Tucson, Arizona.

29 岡芳明「核燃料サイクル、プルトニウム、高速炉、有害度低減」。

30 Zhores Medvedev, "Two Decades of Dissidence," *New Scientist*, 4 November 1976, 276. Medvedev published a more complete account three years later. Zhores Medvedev, *Nuclear Disaster in the Urals*, trans. George Saunders (New York: W.W. Norton & Company, 1979). (ジョレス・A・メドベージェフ [梅林宏道訳]『ウラルの核惨事』技術と人間、1982年)

31 Thomas Rabl, "The Nuclear Disaster of Kyshtym 1957 and the Politics of the Cold War," *Arcadia* (2012) , no. 20, https://doi.org/10.5282/rcc/4967.

32 "Six-Month Safety Shutdown of Hanford's N Reactor," United Press International, 11 December 1986, https://www.upi.com/Archives/1986/12/11/Six-month-safety-shutdown-of-Hanfords-N-Reactor/7261534661200/ ; Keith Schneider, "Severe Accidents at Nuclear Plant Were Kept Secret Up to 31 Years," *New York Times*, 1 October 1988, https://www.nytimes.com/1988/10/01/us/severe-accidents-at-nuclear-plant-were-kept-secret-up-to-31-years.html. 後者の記事は、エネルギー省のサバンナ・リバー施設に焦点を当てたもの。ハンフォードの最後の原子炉は1987年1月に、サバンナリバーの最後の原子炉は1988年6月に閉鎖された。

33 Norwegian Radiation Protection Authority, "The Kyshtym Accident, 29th September 1957," *NRPA Bulletin*, September 2007, https://www.nrpa.no/filer/397736ba75.pdf.

34 図は次から。L.M. Peremyslova et al., Analytical Review of Data Available for the Reconstruction of Doses Due to Residence on the East Ural Radioactive Trace and the Territory of Windblown Contamination from Lake Karachay, US-Russian Joint Coordinating Committee on Radiation Effects Research, September 2004, Figure 1, https://pdfs.semanticscholar.org/58aa/870b2cb0589089a0ed2b36be4a923fa0066f.pdf.

35 1キュリーは、1グラムのラジウムの放射能の量で、秒当たり370億個の原子の壊変、つまり、37ギガ（10^9）ベクレル（GBq）を意味する。従って、5メガ（10^6）キュリーは、5トンのラジウムの放射能を意味する。つまり、185ペタ（10^{15}）ベクレル（PBq）である。

36 Thomas B. Cochran, Robert S. Norris, and Oleg A. Bukharin, *Making the Russian Bomb: From Stalin to Yeltsin* (Boulder, CO: Westview Press, 1995) , 109–113.

37 A.V. Akleyev et al. "Consequences of the Radiation Accident at the Mayak Production

Association in 1957 (the 'Kyshtym Accident')," *Journal of Radiological Protection* 37, no. 3 (2017) R19-R42, http://iopscience.iop.org/article/10.1088/1361-6498/aa7f8d/meta.

38　Ernst Albrecht, "Concerning the Proposed Nuclear Fuel Center," in *Debate: Lower Saxony Symposium on the Feasibility of a Fundamentally Safe Integrated Nuclear Waste Management Center, 28-31 March and 3 April 1979*, Deutsches Atomforum e.V., 16 May 1979, 343-347 (in German), http://fissilematerials.org/library/de79.pdf. アルブレヒトのステートメントの英訳は次に http://fissilematerials.org/library/de79ae.pdf.

39　各タンクの容量は、120㎥で、1立方メートル当たり、2.5トンの使用済み燃料から出た高レベル廃棄物が入ると想定されている。Gordon Thompson, *Radiological Risk at Nuclear Fuel Reprocessing Plants* (2013), Appendix B, "Rokkasho Site," 13, http://www.academia. edu/12471966/Radiological_Risk_at_Nuclear_Fuel_Reprocessing_Plants_Appendix_B_ Rokkasho_Site_2013.

40　UN Scientific Committee on the Effects of Atomic Radiation, UNSCEAR 2000: Summary of Low-Dose Radiation Effects on Health (New York: United Nations, 2000), Annex J, para. 23, http://www.unscear.org/docs/publications/2000/UNSCEAR_2000_Annex-J.pdf.

41　International Panel on Fissile Materials, *Plutonium Separation in Nuclear Power Programs: Status, Problems, and Prospects of Civilian Reprocessing Around the World*, 2015, Chap. 12, "Radiological Risk," http://fissilematerials.org/library/rr14.pdf.

42　International Atomic Energy Agency, Radiological Accident, 22 (see endnote 43).

43　トムスクの放出量は0.02PBqだった。その2%がセシウム137だった。International Atomic Energy Agency, The Radiological Accident in the Reprocessing Plant at Tomsk (Vienna: International Atomic Energy Agency, 1998), 20, https://www-pub.iaea.org/ MTCD/Publications/PDF/P060_scr.pdf. 福島事故における大気中へのセシウム137の放出量は6〜20PBqだった。UN Scientific Committee on the Effects of Atomic Radiation, UNSCEAR 2013 Report: Sources, Effects and Risks of Ionizing Radiation (New York: United Nations, 2014), Volume 1, Scientific Annex A, "Levels and Effects of Radiation Exposure Due to the Nuclear Accident after the 2011 Great East-Japan Earthquake and Tsunami," 6, http://www.unscear.org/docs/reports/2013/13-85418_Report_2013_Annex_ A.pdf.

第8章　プルトニウム分離禁止論

　これまでの章では、再処理の歴史を見てきた。始まりは、米国の第二次世界大戦中のプロジェクトの一端だった。そこで作られたプルトニウム型核爆弾は長崎に投下された。戦後、プルトニウム生産炉と再処理工場がほとんどすべての核兵器プログラムの中核的要素となる一方、プルトニウム分離と増殖炉は原子力を動力源とする未来という「夢」の中核となった。しかし、増殖炉は従来型の発電用原子炉に対し経済的競争力を持ちえず、また、従来型の原子力発電の容量は、幾何学級数的に伸びるのではなく、頭打ちになった。その結果、もはや、増殖炉が解決することになっていたウラン燃料不足が予見できる将来に生じる見込みがなくなった。

　一方、「悪夢」の側では、第二次世界大戦中の核兵器プログラムの科学者らが認識していた問題があった。それは、1946年のアチソン＝リリエンソール報告の中核をなすものだった。核兵器を拡散させることなく、分離済みプルトニウムの利用を普及させることはできるだろうか、という問題である。1974年のインドの核実験——名目上は民生用ということになっていた増殖炉プログラムのために分離されたプルトニウムを使ってのもの——が答えを示唆した。

　幸い、1968年に調印された「核不拡散条約（NPT）」に対する国際的な政治的支持の強さ、そして、再処理技術のさらなる「売買」を阻止しようとする米国の迅速な行動が、他の国々に対して、核兵器に至る道として民生用のプルトニウム・プログラムを使うのを思いとどまらせた。そして、少なくとも、今までのところ、民生用核燃料施設から盗まれたプルトニウムによる核テロリズムが発生するという恐れは現実のものとなっていない。

　しかし、経済性その他の正当化の根拠がないにもかかわらず、2018年現在、民生用目的のプルトニウム分離は、五つの核保有国（中国、フランス、インド、ロシア、英国）と、非核保有国の日本で続けられていた。そして、民生用の分離済みプルトニウムの量は増え続けていた。

　民生用の未照射プルトニウムの世界全体の保有量——2019年現在約300ト

ン——は、混合酸化物（MOX）燃料にした場合、世界の発電量のわずか3週間分にしかならない[1]。しかし、核兵器用に転用した場合、同じプルトニウムのわずか1パーセントだけで、何百発もの長崎型核爆弾に十分な量となる。

　この半世紀間、八つの主要国（中国、フランス、ドイツ、インド、日本、ロシア、英国、米国）が高速増殖炉の開発を試みて来たが、高速炉の運転で技術的成功を収めているのはロシアだけである。ただし、これも、増殖炉ではないし、経済的でもない。インド、中国は、増殖原型炉を建設中である。米国、ドイツ、英国は、それぞれのプルトニウム・プログラムを放棄している。

　フランスは、失敗に終わった増殖原型炉を1998年に閉鎖したが、プルトニウム分離プログラムは継続していて、分離されたプルトニウムは軽水炉用のMOX燃料として使用している。経済的には、このプログラムは意味がなく、無駄な支出をもたらすだけである。MOX燃料の製造には、それによって代替される低濃縮ウラン（LEU）燃料の何倍もの費用がかかる。それにもかかわらず、日本はフランスの例に倣おうとしている。

　仏日両国の放射性廃棄物の専門家は、再処理は放射性廃棄物処分場からのリスクにさしたる差をもたらさないと述べているが、両国の再処理推進体制派は、プルトニウムを処分場に入れるのは環境面から言って危険だと主張して、プルトニウム・リサイクルの正当化を試みている。そして、軽水炉では効率的に核分裂させることのできないプルトニウムの同位体やその他の超ウラン元素を核分裂させることのできる高速炉の建設の予算を獲得しようとしている。

　民生用の原子炉で出てくる使用済み燃料からプルトニウムを分離することが経済的にも環境面の観点からも意味をなさず、核拡散と核テロの危険性を伴うとすれば、プルトニウムの民生用分離を終わらせればいいのではないか？

　実際、四半世紀に亘って、これと密接な関係にある試みが続けられてきた。核兵器用のプルトニウム分離と高濃縮ウラン（HEU）製造を禁止しようというものである。本章では、この試み、そして、一歩進んで、HEUの原子炉用燃料としての使用を終わらせ、民生用の分離済みプルトニウム保有量を制限しようとする試みの歴史を振り返る。最後に、あらゆる用途のプルトニウム分離禁止の達成の可能性と障害について見る。

図 8.1　パレ・デ・ナシオンの会議室における軍縮会議

アントニオ・グテレス国連事務総長が演説中　2018年2月23日　（United Nations[4]）

8.1　核分裂性物質カットオフ条約（FMCT）

　1993年、国際連合総会は「核兵器あるいは他の核爆発装置用の核分裂性物質の生産を禁止する非差別的で、多国間の、国際的かつ効果的に検証可能な条約の最も適切な国際的フォーラムにおける交渉[2]」を呼びかけた。実際問題としては、核兵器に使われてきた核分裂性物質は、HEUとプルトニウムだけである[3]。

　ジュネーブ「軍縮会議（CD）」及びその前身機関において、今日存在するさまざまな多国間軍縮条約が交渉されてきた。核不拡散条約（1968年）、生物兵器禁止条約（1972年）、化学兵器禁止条約（1993年）、そして、包括的核実験禁止条約（1996年）である。CDは、他の国連機関・会合とともに、ジュネーブのパレ・デ・ナシオン（国際連合ヨーロッパ本部）に本拠を置く。今日の国連の前身、国際連盟のために1930年代に建てられた建物である（図8.1）。

CDは、1996年まで包括的核実験禁止条約の作業に追われていたが、カナダのジェラルド・シャノンCD大使が、CDとして「核分裂性物質カットオフ条約」（FMCT＝核兵器用核分裂性物質生産禁止条約）に関する交渉を如何に進めるべきかについての提言を他の大使らと協議して用意するよう要請された。

　1995年3月、シャノンは、CDのメンバー諸国の間で条約の対象とすべき範囲について意見が分かれていると報告した。最初の五つの核兵器保有国（米国、ロシア、英国、フランス、中国）──「国連安全保障理事会」の常任（permanent）理事国でもあり、P5とも呼ばれる──は、国連総会の「マンデート（委任された権限）」の内容に限定した条約にすることを望んだ。核兵器用核分裂性物質の更なる生産のみを禁止する条約である。これは、少なくとも、それぞれの核保有国が製造できる核兵器の数を制限することになる。

　多くの非核兵器国は、P5の関心は核軍縮ではなく、他国を核兵器クラブから締め出したままにすることにあると疑い、もっと踏み込んだ内容の条約を望んだ。これらの国々は、P5は冷戦の終結によりすでに核分裂性物質の製造を止めていること、さらに、米ロ両国に至っては、冷戦後の大幅核削減の結果、膨大な量の余剰核分裂性物質を抱えてしまっていることを指摘し、核軍縮活動家らとともに、凍結より先に進むことを望み、核兵器に使える現存の核分裂性物質の量の不可逆的削減を求めた。

　シャノンは、これらの問題を交渉において解決するよう提言した。具体的には、CDがFMCT交渉のための特別委員会を設ける、そして同委員会のマンデートは「どの代表団であれ、上述の問題について特別委員会での検討課題として取り上げることを排除しない[5]」ものとする、ということだった。

　しかし、2018年現在のCDのメンバー国は65カ国で[6]、その規則の下では、「会議はその作業の進行と決定をコンセンサスで行う[7]」ことになっている。そのため、65カ国のうちのどの国も、行動計画を阻止しようと思えばそれが可能であり、実際に、このような反対がFMCTの交渉を20年以上に亘って阻止してきていた[8]。

　最初にコンセンサスを阻止したのは、P5内の意見の不一致だった。中国とロシアは、米国の弾道ミサイル防衛が、いずれ、米国の仮想的第一撃の後に生き残った自国の核ミサイルによる報復を阻止できるまでに発展するのではとの懸念を抱いた。そのため、両国は、「宇宙空間における軍拡競争の防

止（PAROS）」に関する交渉を並行的に進めることに固執した。しかし、米国は、宇宙における自国の軍事活動に対するいかなる追加的制限にも反対した[9]。

2003年、10年近くに亘る膠着状態の末、中ロ両国は、二つの交渉をリンクさせるようにとの要求を撤回した。ところが、今度は、パキスタンがコンセンサスを阻止し始めた。

パキスタンは、いくつもの論拠を挙げたが、基本的な論点は、分離済みプルトニウムのストックの面で、インドに対して不利な状況に閉じ込められてしまうのを望まないということのようだった[10]。プルトニウムは、臨界量が小さく、パキスタンがその初期の核兵器に使った高濃縮ウランよりも軽い核弾頭を作ることができる。軽い核弾頭なら、小さくて移動がたやすく隠しやすいミサイルに搭載することが可能となる。

2016年末の時点で、インドは、0.6トンと推定される核兵器用プルトニウムの他に、その増殖炉プログラム用に約6トンの「原子炉級」プルトニウムを保有していた。一方、パキスタンは、1998年から2015年の間に、4基の軍事用プルトニウム生産炉の運転を開始したが、これらは、インドが増殖炉用のプルトニウムの生産に使っていた発電用原子炉よりも数が少なく、出力も小さかった。このため、2018年末現在、パキスタンの兵器用プルトニウム保有量は約0.4トン——最新型の核兵器約100発分に相当——にとどまっていたと推定されている[11]。

インドの「原子炉級」プルトニウムは核兵器に利用可能ではあるが、インドがこれを核兵器用に使うことはありそうにない[12]。しかし、インドの増殖炉プログラムは、「原子炉級」プルトニウムを「兵器級」プルトニウムに変えることができる。そして、インドは、このオプションに関心があるのではという疑惑を抱かせている[13]。インドは2005年に、同国が外国から民生用の原子力技術とウランを入手するのを可能とすることと引き換えに、一部の原子力施設を「国際原子力機関（IAEA）」の保障措置の下に置くという取り引きを米国との間で成立させた際、インド南東部のカルパッカムにあるインディラ・ガンディー原子力研究センターの増殖原型炉とそれに関係した分離済みプルトニウムについては、保障措置下に置くことを明確に拒絶した。その理由は、「戦略的」及び「国家安全保障上」の重要性のためということだっ

た[14]。

　パキスタンは、隣国の民生用プルトニウムについて苦情を漏らしている唯一の国ではない。中国は日本のプルトニウムについて懸念を表明している[15]。2018年末現在、日本が保有していた分離済みプルニウムの量は、英仏にある約37トンを別としても、国内保管分約9トン[16]だけでも、中国の兵器用プルトニウム保有推定量3トン[17]よりも大きいものになっている。

8.2　民生用プルトニウム保有量制限の試み

　CDがFMCTについて議論し始めるずっと前、米国は、世界的な民生用未照射プルトニウムの量を制限しようと一度ならず試みていた。

　1977年、カーター政権はインドの1974年の核実験を受け、米国の増殖炉プログラムについての再検討の後、国際的な見直しを呼び掛けた。その結果、「国際核燃料サイクル評価（INFCE＝インフセ）」が開催されることになった。カーターの呼びかけは、他の工業先進国も米国自身が到達したのと同じ結論に至ることを願ってのことだった。すなわち、再処理と増殖炉プログラムは不必要かつ非経済的で、核不拡散体制の不安定化をもたらすという結論である。しかし、米国は他の国々を説得することはできなかった。そして、INFCEの概略報告は、各国は既存の燃料サイクル計画をそのまま継続するだろうことを示していた。

　他の工業先進国が増殖炉計画放棄に抵抗したのは、一つには、原子力の将来についての高い期待があったためである。増殖炉の必要性に関するINFCEの分析は、共産主義国以外での原子力発電容量が2015年（当時からすると35年後）に14億5000万〜27億キロワット（1450〜2700ギガワット（GWe））になるとの前提に基づいていた［1GWe＝100万kWe］[18]。この予測は、2015年に実際に達成された容量3億600万キロワット（306GWe）よりずっと高いものだった[19]。増殖炉と再処理の経済性に関する想定も同じように楽観的だった。

　民生用プルトニウムの量を制限しようとする次の試みは、1990年代に起きた。米国と、民生用プルトニウム・プログラムを持つ他の8カ国の代表が5年間に亘って開いた一連の非公開会合においてのことである。1997年に決

着したこれらの会合の参加国は、ベルギー、中国、フランス、ドイツ、日本、ロシア、スイス、英国、米国だった。

　これらの会合の結果、第4章で言及した「プルトニウム管理指針[20]」が合意された。しかし、9カ国が保有量の制限に関して合意できたのは、「可能な限り早期に需要（原子力事業の合理的作業在庫の需要を含む）と供給をバランスさせることの重要性[21]」だけだった。

　英国はその後の20年間に、この指針がどの程度拡大解釈できるかを示して見せた。合意以来、英国の分離済みプルトニウムの保有量は60トン（IAEAの計算方式で核兵器7500発分）も増えたのである——使用計画もないままに、平均して年間約3トンの割合で増大を続けた。この平均年間増大量は、1年分だけで英国の軍事用プルトニウム総保有量（核兵器内にあるものも含む）にほぼ相当する[22]。ロシアも短期的なプルトニウム利用計画のないまま、同様に、その保有量を30トン増やした。そして、フランスと日本は、プルトニウム利用計画を持ちながらも、それぞれ、その保有量を約30トン増やした[23]。

8.3　高濃縮ウランの使用を制限しようとする同時並行的試み

　高濃縮ウラン（HEU）の民生利用廃止に向けた進展は、幾分か先を行っている。1970年代末のINFCEの会合の時点ですでに進展があった。プルトニウム分離と使用を止めようとする米国の提案に対しては、増殖炉推進派から強力な抵抗があったが、民生用研究炉の標準的燃料としてHEUを使用するのは止めた方がいいだろうという点では合意が形成されたのである。

　「高濃縮ウランの商取引及び広範な利用と核分裂性物質の生産は、INFCEが懸念している核拡散リスクを構成する。核拡散抵抗性は次によって増大できる。

　1　濃縮［レベル］の低減——できれば20％以下（^{235}U の核兵器としての利用可能性に対する充分な同位体バリアとして国際的に認識されている）まで。
　2　高濃縮ウラン保有量の低減……[24]。」

　このコンセンサスは、HEUを燃料とする原子炉の運転者の間で低濃縮ウラン（LEU）燃料への転換に対する反対が広く存在していたにもかかわらず得られた。

図 8.2　HEU を燃料とする研究炉を LEU 用に転換するための米国 DOE 予算

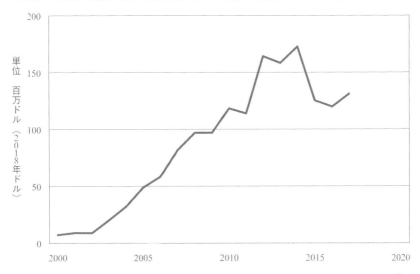

予算額は、2001 年 9 月 11 日の米国に対するテロ攻撃後、劇的に増大した。（US DOE データ[26]）

図 8.3　1 kg を超える量の HEU を持つ国の数

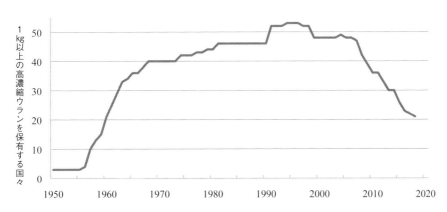

この数は、1953 年のドワイト・アイゼンハワー大統領の国連での「アトムズ・フォー・ピース（平和のための原子力）」演説以来、米ソ両国が HEU を燃料とする研究炉を輸出するなか、急速に増えた。半世紀後、2001 年 9 月 11 日のテロ攻撃を受けて、米国による研究炉の LEU 使用への転換プログラム強化の結果、ほとんど同じように急速に減っていった（1991 年の急上昇は、旧ソ連の崩壊による）（IPFM 改訂[27]）。

INFCEの結果、米ソ両国は、両国がHEU燃料を提供していた国外の研究炉を低濃縮ウラン利用炉に転換するプログラムを立ち上げた。米国はまた、自国の研究炉の転換も開始した。そして、米国は、1991年のソ連崩壊後、ソ連の転換プログラムをロシア以外の旧ソ連共和国にも広げるための資金をロシアに提供した。

　2001年9月11日テロ攻撃の後、核テロの可能性についての懸念は、米国全体で社会的問題となり、政治家の課題となった。議会は、研究炉の転換と、保安体制の弱い研究炉サイトからの未使用及び使用済みHEU燃料の搬出のための予算を拡大し、その額は2000年に700万ドル（7億7000万円）だったものが2014年にはそのピークの1億7200万ドル（約190億円）に達した（図8.2）。

　プログラムの予算額の増大は、議会における支持者グループの存在のためだったが、バラク・オバマ大統領は、のちに4度の「核セキュリティー・サミット」となる会合を開始することによって、他の国々におけるハイレベルの支持を勝ち取った。これらのサミットは、それぞれ、50カ国以上の首脳らの参加を得た。首脳たちは、サミットにおいて、未照射のHEU燃料の米ロ両国への返還などの措置を講じるとの約束をしたり、以前の約束を実行に移したりするよう奨励された。

　米国「エネルギー省（DOE）」の核不拡散関連部門によると、2017年9月30日までに、世界のHEUを燃料とする研究炉100基がLEU燃料使用炉に転換されたか、閉鎖され、プログラム開始以来約6トンのHEUが、外国から返還されている[25]。そして、18年末現在、33カ国と台湾において、HEU保有量1キログラム未満のレベルまでへの低減が達成されている（図8.3）。

　燃料としてのHEUの使用に対する戦いの最後のフロンティアは海軍の原子炉である。フランスと中国は、その原子炉の燃料にLEUを使っているが、米国と英国は、「兵器級」のウランを使っている。そして、ロシアとインドは、主として、中濃縮ウラン——やはり核兵器に使用できる——を使っている[28]。

8.4　プルトニウム分離の禁止

　2018年、英国はついにその再処理プログラムを終わらせようとしていた。

しかし、中国、フランス、インド、日本、ロシアの再処理及び高速中性子炉の推進派は、民生用再処理を終わらせようという提案に対し、その先人たちが40年前のINFCEにおいてそうであったのと同じように敵対的になると見ていいだろう。

　しかし、2018年の状況はあの時とは異なっていた。フランス、日本、ロシア、英国の民生用分離済みプルトニウム保有量の合計は、300トン近くに達し、過去20年間のネットの平均増加速度は、年間約6.5トンだった。英国の再処理がなくとも、平均増加速度は、年間3.4トン、核兵器400〜800発分になっていた。世界のプルトニウム使用量は年間約10トンだった。そのほとんどがフランスでのものだった。しかし、そのフランスでも、民生用の未照射プルトニウムは年間約1トンの割合で増えていた。この現実と、商業用増殖炉の希望が減退し続けていることを合わせて考えれば、再処理禁止、あるいは、少なくともさらなるプルトニウムの蓄積を停止しようとの提言に反対するのは、40年前より難しいだろう——少なくとも論理的には。

　意味をなさない活動はほとんどの場合、部外者はただ内部の改革が最終的にその活動を終わらせるまで、見守り、いぶかり、待つしかない。しかし、プルトニウムの分離は、軍事用、民生用のレッテル如何にかかわらず、核兵器直接利用可能物質であり、そのため、地球規模の脅威である。プルトニウムの分離と使用の低減には、高濃縮ウランの生産と使用の低減に匹敵する優先順位を与えるべきである。

　さらに、HEUと異なり、酸化プルトニウムは、都市に放射能汚染をもたらすための飛散装置にも使える。「原子炉級」プルトニウム1グラムを大きな人口が吸入した場合、30〜100のガンが発生する可能性がある[29]。プルトニウムで汚染された都市地帯を、人々が戻ってきてもいいと考えるレベルまで除染することが可能だろうか。

　プルトニウム分離を終わらせることにかかわる課題は、研究炉でのHEUの利用を終わらせるのとは政治的に異なる。研究炉のLEU使用炉への転換は、原子炉の閉鎖を必要としなかった。HEU燃料とほぼ同じ性能をもつLEU燃料を開発した上で、研究炉の運転者らに対し——彼らの原子炉における新しい燃料の安全性に関する満足のいく研究を完了させた後——HEU燃料はもう提供されないと告げればよかった。当初の抵抗の後、この過程は比

較的スムーズに進んだ。

　それに対し、核兵器用だけでなく、民生用プルトニウムの分離も禁止するとなると、何千人もの労働者を抱える巨大な再処理施設群の閉鎖を必要とする。その政治的課題は、主要軍事基地、国有造船所、あるいは、核兵器研究所の閉鎖のそれと似ている。このような提案に対する施設の地域社会やその政治的代表による抵抗は、通常、非常に激しいため、実行に移されることはめったにない。

　例えば、米国では、冷戦の終結後、新しい核兵器の計画がなかったため、クリントン政権は、カリフォルニア州のローレンス・リバモア国立研究所——米国の二つの核兵器物理学研究所の一つ——を閉鎖することを考えた[30]。しかし、これを達成するのは政治的に難しすぎることが判明した。20年後の2017年、リバモアでの核兵器関連研究には年間約13億ドル（約1400億円）のレベルの予算があてがわれていた[31]。そして、米国エネルギー省は、インフレ調整をした「恒常ドル」換算で言うと、毎年、冷戦時代の平均の2倍の額を核兵器関連事業につぎ込んでいた[32]。

　しかし、再処理の場合、サイトには新しい使命が生まれる。除染である。米国では、冷戦時代の二つのプルトニウム製造サイトにおける除染には、それぞれ、1000億ドル（約11兆円）以上かかると推定されており、除染期間は約1世紀と見られている[33]。これらの除染作業の年間の予算レベルは、恒常ドル換算では、これらのサイトにおけるピーク時——冷戦時代後期（1967〜91年）——の予算レベルに等しい[34]。英国のセラフィールド核施設群の除染コストの見積りは、2018年現在、同じく巨額——910億ポンド（約13兆2000億円）[35]）——で、年間支出額は約20億ポンド（約2900億円）である[36]。

　1990年代に、米国の軍事用プルトニウム生産再処理工場の任務が生産から除染へと移る際にその移行過程が予算面で滑らかだったのは実は意識的な措置の結果だった。サイトの生産用予算の削減が除染用予算の増大によって相殺されるよう保証すべく、軍備管理主義者と環境保護主義者の連合グループが取り組んだのである[37]。ハンフォード再処理工場の場合には、サイトの除染スケジュールが、ワシントン州、米国「エネルギー省（DOE）」、米国「環境保護庁（EPA）」の長文の詳細な合意によって正式に設定された[38]。そして、この合意は、連邦裁判所の命令の下に実施に移されつつある[39]。

フランスと日本もまた、米国のものよりは小さな再処理サイトにおいてではあるが、数十年に亘る除染計画に取り組んでいる。

● フランスのマルクールにある同国の最初の再処理工場UP1（UP＝Usine de Plutonium＝プルトニウム工場）──主として、軍事用及び民生用のガス冷却炉の燃料を再処理──は、1997年に閉鎖された。2005年、その除染費用は、「仏原子力庁（CEA）」によって約90億ドル（2018年ドル換算）（約9900億円）と見積もられた。除染プロセスは、2040年まで続くと見られている[40]。

● 日本では、2014年に、東海再処理工場を廃止するとの決定が下された。同工場は、政府の交付金で運営される「日本原子力研究開発機構（JAEA）」及びその前身組織によって建設・運転されてきた。廃止措置は、費用約1兆円、期間約70年と見積もられている[41]。

これらの例は、再処理工場を閉鎖する決定が下されてしまえば、受け入れ自治体の雇用や収入の喪失を何十年も避けられることを示している。

しかし、決定を下すのは、そんなに簡単ではない。米国では、軍事用再処理を終わらせるという決定は、冷戦の終結によって促進された。英国では、民生用再処理を中止する決定は、国内外の電力会社がその再処理契約を更新しなかったことによって余儀なくされた。そしてフランスと日本では、第一世代の再処理工場の廃止措置は、もっと進んだ工業規模の再処理工場の建設によって正当化された。

フランスにとって現在運転中の再処理工場を閉鎖すること、そして、日本にとってほぼ完成した六ヶ所再処理工場を運転しないことは、政府の責任当局の官僚たちが、自分たちは大きな費用のかかる、意味のないプルトニウム・プログラムをそれぞれの国に強制してきたと認めて初めて可能になる。

だが、新しい世代の政策決定者らは、これらの愚行を先人たちのせいにして、プログラムを中止することが可能である。そうすれば、彼らは、1970年代のジェラルド・フォード大統領とジミー・カーター大統領による行動がそうであったように、核不拡散の取り組みに大いに貢献できるだろう。さらに、自国にとって膨大な節約をもたらすことになる。例えば、日本が六ヶ所の再処理・ＭＯＸ燃料プロジェクトに終止符を打てば、電力消費者・納税者にとって、ネットで約10兆円の節約となる[42]。除染費用は、残念ながら、い

ずれにしても必要となる。なぜなら、再処理工場は2006 〜 08年の試運転によって汚染されてしまっているからである。日本再処理機構は、2018年に再処理工場の廃止措置費用を1.6兆円と見積もっている[43]。

　高速増殖炉関係集団に方向転換させるには、さらに別の課題もある。各国の将来は研究開発にかかっていて、前進のための最も有望な道を見つけるのは科学技術者に任せるべきだとの広範に受け入れられた通説がある。

　米国においてでさえ、カーター大統領がプルトニウム・プログラムを終わらせるためのキャンペーンを展開してから半世紀経っても、米国エネルギー省（DOE）は、ナトリウム冷却炉と再処理の研究をしている諸グループに資金を提供し続けている。

　第3章で見たように、ジョージ・W・ブッシュ（息子）政権の第1期において、ディック・チェイニー副大統領は、パイロプロセシング（乾式再処理）が核拡散抵抗性を有するというDOEのアルゴンヌ国立研究所の主張を受け入れた。アルゴンヌ研究所は、「韓国原子力研究所（KAERI）」とパイロプロセシングの共同研究を始めた。これは、再処理の拡散を防ごうという米国国務省（DOS）の取り組みを非常に複雑にした[44]。

　2017年には、アイダホ国立研究所の研究者らが、数十億ドル（数千億円）の費用のかかるナトリウム冷却炉「多目的試験炉（VTR）」の建設に対する議会の暫定的支持を得るのに成功した[45]。日本の高速中性子炉推進派は、この分野で米国と協力することに関心を持っている[46]。

　テロリストがこれらの進行中の民生用プルトニウム・プログラムの一つからプルトニウムを盗み出し、都市を汚染させる、または破壊する、あるいは、名目上民生用となっているプルトニウムを使って核兵器を取得する国がまた出てくるようなことになれば、これらのプログラムは、政策に関心を持つもっと多くの人々に注目されるだろう。米国で1974年に起きたのはまさにこれだった。インドの核爆発のショックによって、将来の燃料としてプルトニウム利用を促進しようとしていた米国の原子力研究開発推進体制派によるキャンペーンに終止符を打つのに必要な条件が生み出されたのである。

　しかし、もっとずっといいのは、惨事が起きる前にプルトニウム分離を終わらせることである。私たちは、本書が、プルトニウムの分離の危険性と、メリットのなさについて一般の人々や政策決定者らに情報を提供する助けと

なることを願っている。

　目的の如何にかかわらず、プルトニウム分離を禁止する時に来ていると私たちは考える。

原注

1　300トンのプルトニウムは、劣化ウランで希釈すると、7%のプルトニウムを含有するMOX燃料4300トンを作るのに十分な量である。43GWt日／トンMOXの燃焼度の場合、184テラワット（TWt）日の熱が生み出されることになる。熱から電力への転換率を3分の1とすると、この熱量は、61TWe日、すなわち、約1500TWe時の電力を生み出す。2016年の世界の発電量は約2万5000TWe時だった。International Energy Agency, "Electricity Information 2018 Overview," https://www.iea.org/statistics/electricity/.

2　UN General Assembly Resolution 48/75, part L, 16 December 1993, http://www.un.org/documents/ga/res/48/a48r075.htm.

3　ウラン233──プルトニウム239がウラン238から生じるのと同じ方式で、トリウム232による中性子吸収によって生じる──は、もう一つの核兵器利用可能物質で生産禁止条約に含まれうる。

4　"In Geneva, UN Chief Urges New Push to Free World from Nuclear Weapons," *UN News*, 26 February 2018, https://news.un.org/en/story/2018/02/1003632.

5　UN Conference on Disarmament, "Report of Ambassador Gerald E. Shannon of Canada on Consultations on the Most Appropriate Arrangement to Negotiate a Treaty Banning the Production of Fissile Material for Nuclear Weapons or Other Nuclear Explosive Devices," CD/1299, 24 March 1995, https://documents-dds-ny.un.org/doc/UNDOC/GEN/G95/610/27/PDF/G9561027.pdf?OpenElement.

6　UN Office at Geneva, "Member States," https://www.unog.ch/80256EE600585943/（httpPages）/6286395D9F8DABA380256EF70073A846?OpenDocument.

7　UN Office at Geneva, "Rules of Procedure of the Conference on Disarmament," CD/8/Rev.9, 19 December 2003, para. 18, https://www.unog.ch/80256EDD006B8954/（httpAssets）/1F072EF4792B5587C12575DF003C845B/$file/RoP.pdf.

8　Reaching Critical Will, "Fissile Material Cut-off Treaty," http://www.reachingcriticalwill.org/resources/fact-sheets/critical-issues/4737-fissile-material-cut-off-treaty.

9　宇宙条約は、すでに、核兵器を地球の軌道や天体に置くことを禁止している。

10　"Elements of a Fissile Material Treaty（FMT）," working paper submitted to the Conference on Disarmament by Pakistan, 21 August 2015, http://www.pakistanmission-un.org/2005_Statements/CD/cd/20150821.pdf.

11　2016年末までに、パキスタンは280kgのプルトニウムを蓄積していたと推定される。International Panel on Fissile Materials, "Pakistan," 12 February 2018, http://fissilematerials.org/countries/pakistan.html.　私たちは、2017年と18年に90kgが追加されたと推定する。

12　インドの「原子炉級」プルトニウムは、約71%のプルトニウム239を含有している。P. K. Dev, "Spent Fuel Reprocessing: An Overview" in *Nuclear Fuel Cycle Technologies: Clos-ing the Fuel Cycle*, eds. Baldev Raj and Vasudeva Rao (Kalpakkam: Indian Nuclear Society, 2003), pp. IT-14/1 to IT-14/16, Table 1, http://fissilematerials.org/library/barc03.pdf.　「兵器級」プルトニウムは通常、プルトニウム239の含有量が90%を超えるものと定義される。

13 Zia Mian et al., *Fissile Materials in South Asia: The Implications of the U.S.-India Nuclear Deal*, International Panel on Fissile Materials, 2006, http://fissilematerials.org/library/rr01.pdf.

14 Ministry of External Affairs, "Implementation of the India-United States Joint Statement of July 18, 2005: India's Separation Plan," http://mea.gov.in/Uploads/PublicationDocs/6145_bilateral-documents-May-11-2006.pdf.

15 Kentaro Okasaka and Seana K. Magee, "China Slams Japan's Plutonium Stockpile, Frets About Nuke Armament," Kyodo, 20 October 2015, https://www.sortirdunucleaire.org/China-slams-Japan-s-plutonium-stockpile-frets.

16 内閣府原子力政策担当室「我が国のプルトニウム管理状況」、2019年7月30日。http://www.aec.go.jp/jicst/NC/iinkai/teirei/siryo2019/siryo28/05.pdf.

17 Hui Zhang, *China's Fissile Material Production and Stockpile*, International Panel on Fissile Materials, 2017, http://fissilematerials.org/library/rr17.pdf.

18 International Nuclear Fuel Cycle Evaluation, *International Nuclear Fuel Cycle Evaluation: Summary Volume* (Vienna: International Atomic Energy Agency, 1980) Table 1.

19 International Atomic Energy Agency, *Energy, Electricity and Nuclear Power Estimates for the Period up to 2050, 2016 Edition* (Vienna: International Atomic Energy Agency, 2016), https://www-pub.iaea.org/MTCD/Publications/PDF/RDS-1-36Web-28008110.pdf.

20 米国側の交渉者による説明については、次を参照。Global Fissile Material Report 2013, chapter 6, http://fissilematerials.org/library/gfmr13.pdf.

21 International Atomic Energy Agency, "Communication Received from Certain Member States Concerning Their Policies Regarding the Management of Plutonium," INFCIRC/549, 16 March 1998, 13, https://www.iaea.org/sites/default/files/infcirc549.pdf.

22 International Panel on Fissile Materials, *Global Fissile Material Report* 2010: *Balancing the Books: Production and Stocks*, 2010, Table 5.5, http://fissilematerials.org/library/gfmr10.pdf.

23 International Atomic Energy Agency, "Communication Received from Certain Member States Concerning Their Policies Regarding the Management of Plutonium, https://www.iaea.org/publications/documents/infcircs/communication-received-certain-member-states-concerning-their-policies-regarding-management-plutonium.（第4章の注3も参照）

24 International Nuclear Fuel Cycle Evaluation, *Summary Volume*, 255.

25 Office of the Chief Financial Officer, *Department of Energy Fiscal Year* 2019 *Congressional Budget Request: National Nuclear Security Administration*, Department of Energy, March 2018, Vol. 1, 461, https://www.energy.gov/sites/prod/files/2018/03/f49/FY-2019-Volume-1.pdf.

26 US Department of Energy annual *Congressional Budget Requests*. Volumes back to 2005 may be found online at "Budget (Justification & Supporting Documents)," Office of the Chief Financial Officer, https://www.energy.gov/cfo/listings/budget-justification-supporting-documents.

27 Frank von Hippel, *Banning the Production of Highly Enriched Uranium* (International Panel on Fissile Materials, 2016), Fig. 10, http://fissilematerials.org/library/rr15pdf. National Nuclear Security Administration, "NNSA Removes All Highly Enriched Uranium from Nigeria," 7 December 2018, https://www.energy.gov/nnsa/articles/nnsa-removes-all-highly-enriched-uranium-nigeria.

28　von Hippel, *Banning the Production*, Table 3.

29　Steve Fetter and Frank von Hippel, "The Hazard from Plutonium Dispersal by Nuclear-Warhead Accidents," *Science and Global Security* 2, no. 1（1990）, 21–41, http://scienceandglobalsecurity.org/archive/sgs02fetter.pdf.　この記事は、吸入された「兵器級」プルトニウム1ミリグラム当たりのガン発生件数として3～11件を挙げている。「原子炉級」プルトニウムのグラム当たりのアルファ放射能は、「兵器級」プルトニウムの約10倍に達する。

30　『カルビン報告』（その議長の名前ロバート・カルビン——モトローラ社の元最高経営責任者——から）の提言3「核兵器研究所の構成」は、リバモア研究所の核兵器関連の仕事は5年間で段階的に廃止できるというものだった。Task Force on Alternative Futures for the Department of Energy National Laboratories, *Alternative Futures for the Department of Energy National Laboratories*, 1995, https://www2.lbl.gov/LBL-PID/Galvin-Report/.

31　Office of the Chief Financial Officer, *Department of Energy Fiscal Year 2019 Congressional Budget Request: Laboratory Tables, Preliminary*, Department of Energy, February 2018, https://www.energy.gov/sites/prod/files/2018/03/f49/DOE-FY2019-Budget-Laboratory-Table.pdf.

32　2011～2018年の年間予算（2010年ドル換算）は次から。National Nuclear Security Administration, *Fiscal Year 2019 Stockpile Stewardship and Management Plan—Biennial Plan Summary, Report to Congress*, 2018, Fig. 4.1, https://www.energy.gov/sites/prod/files/2018/10/f57/FY2019%20SSMP.pdf；1942～1996年の年間予算（1996年ドル）は次から。Stephen I. Schwartz, ed., *Atomic Audit: The Costs and Consequences of U.S. Nuclear Weapons Since 1940*（Washington, DC: Brookings Institution Press, 1998）, Fig. 1.7. 1996年ドル換算の1ドルは、2010年ドル換算では1.31ドル。Federal Reserve Bank of St. Louis, "Gross Domestic Product: Implicit Price Deflator," https://fred.stlouisfed.org/series/GDPDEF.

33　ワシントン州のコロンビア川沿いにあるハンフォード・サイトの除染作業は、二つのプロジェクトに分かれている。「ハンフォード」と「河川保護局」だ。米エネルギー省環境管理局によると、2018年現在、二つのプロジェクトの合計労働者数は約9100人、年間予算は22億ドル、総コスト見積額は約1300億ドル、完了予定は2070年代。サウスカロライナ州のサバンナリバー・サイトは、労働者数7000人、年間予算17億ドル、総コスト見積額1060億ドル、完了予定2065年。US Department of Energy, "Cleanup Sites: Progress through Action," https://www.energy.gov/em/cleanup-sites.

34　Schwartz, *Atomic Audit*, Table A1.

35　National Audit Office, *The Nuclear Decommissioning Authority: Progress with Reducing Risk at Sellafield*, 2018, 27, https://www.nao.org.uk/report/the-nuclear-decommissioning-authority-progress-with-reducing-risk-at-sellafield/.

36　Nuclear Decommissioning Authority, *Business Plan: 1 April 2018 to 31 March 2021*, March 2018, 24, https://assets. publishing.service.gov.uk/government/uploads/system/uploads/attachment_data/file/695245/NDA_Business_Plan_2018_to_2021.pdf.

37　William Lanouette, "Plutonium: No Supply, No Demand?" *Bulletin of the Atomic Scientists* 45, no. 10（December 1989）, 42–45.

38　"Hanford Federal Facility Agreement and Consent Order"（as amended through 28 September 2018）, 89–10 REV. 8, https://www.hanford.gov/files.cfm/Legal_Agreement.pdf.

39　Peter Jackson, "Court Orders Feds to Clean Up World War II Era Nuclear Site," *Crosscut*, 17 April 2016, https://crosscut.com/2016/04/turnabout-feds-may-have-to-deliver-at-hanford.

40 Quoted in Mycle Schneider and Yves Marignac, *Spent Nuclear Fuel Repro-cessing in France,* International Panel on Fissile Materials, 2008, 17–18, http://fissilematerials.org/library/rr04.pdf.

41 Toshio Kawada, "NRA Gives Nod to 70-Year Plan to Decommission Tokai Plant," *Asahi Shimbun* , 14 June 2014, http://www.asahi.com/ajw/articles/AJ201806140061.html. 日本語版は次に。川田俊男「東海再処理施設、廃止作業開始へ　原子力規制委が計画認可」『朝日新聞』、2018年6月14日。https://digital.asahi.com/articles/DA3S13539129.html。岩間理紀「原子力規制委　東海再処理施設の廃止計画　1兆円、70年工程承認」『毎日新聞』、2018年6月14日。https://mainichi.jp/articles/20180614/ddm/002/040/039000c.

42 Masafumi Takubo and Frank N. von Hippel, "An Alternative to the Continued Accumulation of Separated Plutonium in Japan: Dry Cask Storage of Spent Fuel," *Journal for Peace and Nuclear Disarmament* 1（2018）, no. 2: 281-304, https://doi.org/10.1080/25751654.2018.1527886.

43 使用済燃料再処理機構「再処理等の事業費について」, 2018年6月。http://www.nuro.or.jp/pdf/20180612_2_2.pdf.

44 Frank von Hippel, "South Korean Reprocessing: An Unnecessary Threat to the Nonproliferation Regime," *Arms Control Today*, March 2010, 22–29, https://www.armscontrol.org/act/2010_03/VonHippel.

45 Adrian Cho, "Proposed DOE Test Reactor Sparks Controversy," *Science*, 6 July 2018, 15, https://doi.org/10.1126/science. 361.6397.15. GE日立ニュークリア・エナジーとそのPRISMのテクノロジーがVTRを支援するべく選ばれた。GE "PRISM Selected for US Test Reactor Programme," *World Nuclear News*, 15 November 2018, http://www.world-nuclear-news.org/Articles/PRISM-selected-for-US-test-reactor-programme.

46 Rintaro Sakurai and Shinichi Sekine, "Ministry Sees Monju Successor Reactor Running by Mid-Century," *Asahi Shimbun*, 4 December 2018, http://www.asahi.com/ajw/articles/AJ201812040047.html. 日本語版は次。桜井林太郎、関根慎一「もんじゅ後継炉、経産省が骨子　今世紀半ばごろに運転へ」『朝日新聞』、2018年12月4日。https://digital.asahi.com/articles/ASLD354NLLD3ULFA01P.html.

訳者あとがき

　本書は、Springer Nature から出版された Plutonium–How Nuclear Powers' Dream Fuel Became a Nightmare（2019年）の全訳である。ただし、訳者は共著者の1人となっているため、他の2人の共著者と相談しながら、一部、加筆・修正し、新しい情報を反映させている。

　共著者の1人はプリンストン大学のフランク・フォンヒッペル公共・国際問題名誉教授。再処理問題との関わりは長い。1974年のインドの核実験後、再処理政策見直しのためにカーター政権が設置した委員会のメンバー。同政権による再処理推進策撤回の決断に大きく貢献した。

　もう一人は、姜政敏（カン・ジョンミン）元韓国原子力安全委員会委員長。日本と同じ再処理の権利を認めよと米国に迫る韓国の事情に詳しいだけではない。東京大学の原子力工学博士号を持ち、日本の再処理政策を熟知している。鈴木篤之（元日本原子力研究開発機構理事長）・鈴木達治郎（元原子力委員会委員長代理）の両氏と、原子力発電所の使用済み燃料から取り出したプルトニウムで核兵器ができることを示した論文を日本原子力学会の英文誌（2000年）で発表している。

　本書は、夢の燃料として喧伝されたプルトニウムの利用計画が、実は見果てぬ夢であり、核拡散・テロの危険を引き起こすだけの「悪夢」となっている状況を説明する。そして、再処理を禁止すべき時が来ていると論じる。

　原子炉の技術、そして、その使用済み燃料を化学的に再処理してプルトニウムを取り出す技術は、マンハッタン計画の中で長崎型原爆を作るために開発された。計画に関わった科学者の一部は、当時、なんとか、自分たちが生み出した原子炉技術を豊富なエネルギーの供給に使うことはできないかと考えを巡らせた。だが、現在一般的に利用されるようになっている普通の原子力発電技術では不可能だとの結論に達した。

　「燃えるウラン235」は天然ウランに0.7％しか含まれていない。これを使う普通の原子炉に頼っていたのではウランが枯渇する。原子炉の運転の際に

「燃えないウラン238」から生まれるプルトニウムの利用が必要だというのである。こうして考案されたのが、使った以上のプルトニウムを生み出す「夢の原子炉」高速増殖炉だ。増殖炉の最初の燃料には、普通の原発の使用済み燃料を再処理して取り出したプルトニウムを使う。

　ところが、ウランは枯渇せず、高速増殖炉の技術も難しいということが判明する。1970年代になると、ウランの既知資源量は1000倍に増えた。だがウラン枯渇予測を基に原発先進国米国が立案した再処理推進政策が、当の米国の撤退後も一部の国々で続けられた。このため、世界の民生用プルトニウムが増え続け、冷戦終焉後に頭打ちとなった軍事用プルトニウムの量を超えてしまった。増殖炉で何千年にも亘ってエネルギーを供給する夢は、長崎型原爆にして何万発分ものプルトニウムが民生用核燃料サイクルによって流通することになるという悪夢にとって代わられた。

　もう一つの悪夢が、軽水炉の使用済み燃料はすべて早期に次々と再処理工場に送られるとの想定がその通り進んでいないために生じた。現在、使用済み燃料は、元々の想定の何倍もの密度で原子炉の貯蔵プールに詰め込まれるようになっている。プールの水が何らかの理由で失われていくと大規模な放射能汚染を伴うプール火災が生じる可能性がある。福島第一原発4号機ではまさにそのような事態になることが恐れられた。「キリン」やヘリコプターによる放水を日本中の人々が固唾を飲んで見守っていたのはそのためだ。稠密貯蔵をしてもプールはいずれ満杯になる。このため、日本では、プールのスペース不足が早く六ヶ所再処理工場を運転するようにとの圧力となっている。本書はこの問題に対処するために、5年以上プールで冷やした使用済み燃料を早急に、空冷式の乾式貯蔵に移すことを提案している。乾式貯蔵の方が安全であることは、福島第一原発にあった乾式貯蔵施設が津波で破損しても、施設内の貯蔵キャスクが無事だったことが示している。

　日本は、非核保有国で唯一再処理計画を維持している。増殖炉計画がとん挫したため、再処理で分離したプルトニウムをウラン混ぜて混合酸化物（MOX）燃料として無理やり普通の原子炉で燃やす計画だが、これもうまくいっていない。このため英仏に委託した再処理などにより、保有プルトニウムは、2020年末現在、約46トンに達している。1発8キログラムという国際原子力機関（IAEA）の計算方法で6000発分に近い。福島事故後に運転再開

しているMOX使用炉は4基しかない。

　それでも、日本は六ヶ所再処理工場を動かそうとしている。1993年に4年後に完成の予定で建設を開始したが、2021年夏現在の完工目標は2022年度上期となっている。これもさらに遅れるだろうと見られている。環境汚染を悪化させるだけで、経済性もない再処理をなぜ続けるのか。本書が、立ち止まって考えるための一助となれば幸いである。

　本書の出版に当たっては、幸い、原著の共同執筆の段階から多くの人々のご協力を得ることができた。原子力資料情報室の方々には情報入手から訳文の整理に至るまでお世話になった。金生英道、笹田隆志、山口響の各氏、さらには、お名前を出せない原子力関連業界の方々もいろいろな形で助けて下さった。最後になったが、緑風出版代表の高須次郎氏には、出版事情の厳しいなか、出版のお願いを快諾していただき、編集担当の斎藤あかね氏と高須ますみ氏には、丁寧な編集作業をしていただいた。これらの人々のおかげではじめて出版にこぎつけることができた。記して感謝の印としたい。

2021年9月15日
田窪雅文

[著者略歴]

フランク・フォンヒッペル（Frank von Hippel）

プリンストン大学「科学・国際安全保障プログラム」上級研究物理学者・名誉教授。同プログラムに加え、「国際核分裂性物質パネル（IPFM）」及び『科学と国際安全保障』誌を共同創設。1993 ～ 94 年、ホワイトハウス「科学・技術政策局」国家安全保障担当次官。

田窪雅文（たくぼ　まさふみ）

東京に本拠を置く研究者。現在は、プリンストン大学「科学・安全保障プログラム」所属。1970 年代から東京で研究者・活動家として原子力・核兵器問題にかかわる。ウェブサイト「核情報」主宰。

カン・ジョンミン（姜政敏）

原子力エンジニア。米国のプリンストン大学、スタンフォード大学、ジョン・ホプキンズ大学、自然資源防護協議会（NRDC）や、韓国の韓国科学技術院(KAIST)で研究職を得て活動。2018 年のほとんどの期間、韓国原子力安全委員会（NSSC）委員長を務めた。

プルトニウム──原子力の夢の燃料が悪夢に

2021 年 10 月 21 日　初版第 1 刷発行　　　　定価 2600 円＋税

著　者　フランク・フォンヒッペル、田窪雅文、
　　　　カン・ジョンミン（姜政敏）
発行者　高須次郎
発行所　緑風出版 ©
　　　　〒 113-0033　東京都文京区本郷 2-17-5　ツイン壱岐坂
　　　　［電話］03-3812-9420　［FAX］03-3812-7262［郵便振替］00100-9-30776
　　　　［E-mail］info@ryokufu.com［URL］http://www.ryokufu.com/

装　幀　斎藤あかね
制　作　R 企 画　　　　　印　刷　中央精版印刷・巣鴨美術印刷
製　本　中央精版印刷　　　用　紙　中央精版印刷・巣鴨未術印刷　　E1200

◎緑風出版の本

■全国どの書店でもご購入いただけます。
■店頭にない場合は、なるべく書店を通じてご注文ください。
■表示価格には消費税が加算されます。

気候パニック

イヴ・ルノワール著／神尾賢二訳

四六判上製
四二〇頁
3000円

熱暑、大旱魃、大嵐、大寒波──最近の「異常気象」の原因は、地球温暖化による気候変動とされている。だが、これへの疑問も出され始めている。本書は、気候変動のメカニズムを科学的に分析し、数々の問題点を解説する。

イラク占領
戦争と抵抗

パトリック・コバーン著／大沼安史訳

四六判上製
三七六頁
2800円

イラクに米軍が侵攻して四年が経つ。しかし、イラクの現状は真に内戦状態にあり、人々は常に命の危険にさらされている。本書は、開戦前からイラクを見続けてきた国際的に著名なジャーナリストの現地レポートの集大成。

戦争はいかに地球を破壊するか
最新兵器と生命の惑星

ロザリー・バーテル著／中川慶子・稲岡美奈子・振津かつみ訳

四六判上製
四二六頁
3000円

戦争は最悪の環境破壊。核実験からスターウォーズ計画で、核兵器、劣化ウラン弾、レーザー兵器、電磁兵器等により、惑星としての地球が温暖化や核汚染をはじめとして、いかに破壊されてきているかを明らかにする衝撃の一冊。

ポストグローバル社会の可能性

ジョン・カバナ、ジェリー・マンダー編著／翻訳グループ「虹」訳

四六判上製
五六〇頁
3400円

経済のグローバル化がもたらす影響を、文化、社会、政治、環境というあらゆる面から分析し批判することを目的に創設された国際グローバル化フォーラム（IFG）による、反グローバル化論の集大成である。考えるための必読書！